Herbert Reisigl · Richard Keller
Lebensraum Bergwald

Die Veränderungen der pflanzlichen Dimensionen wird in keinem anderen Vegetationsbereich in solcher Dichte erlebbar wie an und über der Waldgrenze.
Im Wald ist man in einem Raum unter Bäumen.
Am Waldrand wird die Öffnung des Raumes nach oben sichtbar.
Von der Waldgrenze zur Baumgrenze ist man zwischen Bäumen, die immer niedriger werden.
Im Bereich der Legföhren geht man neben den Büschen nach oben.
Die Zwergsträucher werden hier weniger als kniehoch. Dazwischen begegnet man noch Zwergformen von Bäumen.
Nach dem Borstgrasrasen, durch den man geht, steht man zuletzt auf der zentimeterhohen Gemsheide, dem niedrigsten aller „Wälder".

Herbert Reisigl · Richard Keller

Lebensraum Bergwald

Alpenpflanzen in Bergwald,
Baumgrenze und Zwergstrauchheide

2., durchgesehene Auflage

Vegetationsökologische
Informationen
für Studien, Exkursionen
und Wanderungen

182 Farbfotos
86 Zeichnungen mit mehr
als 500 Einzeldarstellungen
34 wissenschaftliche Grafiken

Spektrum Akademischer Verlag   Heidelberg · Berlin

In langjähriger Zusammenarbeit konnten die Autoren an der wohl einmaligen kontinuierlichen Aktivität der Dr. Karl Thomae GmbH mitwirken, botanische Fachinformationen hoher Qualität in regelmäßiger Folge an die Apotheken in Deutschland und an zahlreiche naturwissenschaftliche Institute zu geben.
Ein ausdrücklicher Dank der Autoren gebührt der Dr. Karl Thomae GmbH durch deren Engagement dieses Buch in so großzügiger Ausstattung erscheinen konnte.
Spezieller Dank gilt dem Gustav Fischer Verlag Stuttgart, der durch seine Bereitschaft zur Zusammenarbeit in Herstellung und Vertrieb einen wichtigen Beitrag zur Erstellung der wissenschaftlichen und gestalterischen Qualität geleistet hat.

Umschlagbild:
Lärchenwald *Laricetum*
Zwergfichte *Picea abies*
Rostalpenrosenheide *Rhododendro-Vaccinietum*

Die Deutsche Bibliothek - CIP-Einheitsaufnahme
Reisigl, Herbert:
Lebensraum Bergwald : Alpenpflanzen in Bergwald, Baumgrenze und Zwergstrauchheide ; vegetationsökologische Informationen für Studien, Exkursionen und Wanderungen / Herbert Reisigl ; Richard Keller. - 2. Aufl. - Heidelberg; Berlin : Spektrum, Akad. Verl., 1999
ISBN 3-8274-0905-5

© 1999 Spektrum Akademischer Verlag GmbH Heidelberg · Berlin
Das Werk einschließlich aller seiner Teile ist urheberrechtlich geschützt. Jede Verwertung außerhalb der engen Grenzen des Urheberrechtsgesetzes ist ohne Zustimmung des Verlags unzulässig und strafbar. Das gilt insbesondere für Vervielfältigungen, Übersetzungen, Mikroverfilmungen und die Einspeicherung und Verarbeitung in elektronischen Systemen.
Gestaltung: Richard Keller, Augsburg
Satz: typo-service Sieber, Augsburg
Litho, Montage: Hofner, Augsburg
Druck und Verarbeitung:
Franz Spiegel Buch GmbH, Ulm
Printed in Germany

ISBN 3-8274-0905-5

Inhaltsverzeichnis

Vorwort	5
Florengeschichte	6
Entwicklung des Waldes in den Alpen	10
Veränderungen des Bergwaldes durch menschliche Eingriffe	12
Das Ende des Bergwaldes?	14
Alpenklima, Geologie, Waldverteilung	16
Böden	18
Höhenstufen und Lebensbereiche	22
Lebensbereich Waldgrenze und Baumgrenze	30
Ökophysiologie und Biologie der Bergwaldbäume und Zwergsträucher	42
Buchenwald *Fagion*	48
Subalpiner Bergahorn-Buchenwald *Aceri-Fagetum adenostyletosum*	60
Subalpiner Alpenrosen-Tannenwald *Rhododendro-Abietetum*	62
Tiefsubalpine Fichtenwälder *Homogyne-Piceetum*	64
Hochsubalpiner Lärchen-Zirbenwald *Larici-Pinetum cembrae*	73
Lärchenwald *Laricetum*	86
Flechtenflora im Bergwald	92
Pilzflora im Lärchen-Zirbenwald	93
Spirkenwald *Pinetum uncinatae*	94
Legföhrenbuschwald *Pinetum mugi*	100
Bestandesstruktur, Bioklima, Boden (Bergwald)	106
Zwergstrauchheiden	108
Rostalpenrosenheide *Rhododendro ferruginei-Vaccinietum*	112
Krähenbeeren-Rauschbeerenheide *Empetro-Vaccinietum*	114
Strauch-Gesellschaft Schweizer Weide *Salicetum helveticae*	117
Wacholder-Bärentraubenheide *Junipereto-Arctostaphyletum*	118
Wimperalpenrosenheide *Rhododendretum hirsuti*	122
Bestandesstruktur, Bioklima, Boden (Zwergstrauch)	126
Grünerlengebüsch *Alnetum viridis*	128
Hochstaudenfluren *Adenostylo-Cicerbitetum*	134
Literatur	141
Register: Deutsche und lateinische Pflanzennamen	145

Vorwort zur 2. Auflage

Nach knapp 10 Jahren ist eine Neuauflage unseres Buches fällig geworden. Wir haben uns bemüht, Fehler auszubessern und Anregungen von Fachkollegen in den Text einzuarbeiten; das Literaturverzeichnis wurde auf den neuesten Stand gebracht. Über das durchwegs sehr positive Echo aus dem Benutzerkreis haben wir uns natürlich sehr gefreut. Die italienische Ausgabe „Guida al Bosco di Montagna" (Zanichelli Bologna 1995) wurde 1996 in Italien mit dem Preis Cardo d'oro für das beste Bergbuch ausgezeichnet.

Herbert Reisigl   Richard Keller

Vorwort

Wo immer man sich in den Alpen bewegt, der Übergang vom Bergwald zur waldfreien Höhenstufe ist eine zu allen Jahreszeiten deutlich sichtbare Lebensraumgrenze. So vielgestaltig wie die Ausprägung der Waldgrenze selbst, so interessant sind hier für den Naturbeobachter die vielen Pflanzenformen und Pflanzengesellschaften.

Ein besonders interessanter Bereich ist dabei die Wald- und Baumgrenze. Die größte pflanzliche Wuchsform – der Baum – stößt hier, oft innerhalb weniger Höhenmeter, an seine Lebensgrenze. Die Frage nach dem Wie und Warum versuchen wir mit eigenen Beobachtungen und mit neuesten Forschungsergebnissen zu erklären. Aus den Zwergstrauchheiden zeigen wir aufschlußreiche Zusammenhänge zwischen Geländestruktur, Mikroklima und Vegetationsverteilung.

Im Rahmen dieses Buches wollen wir an einigen Beispielen bezeichnender Pflanzengesellschaften vielfältige Zusammenhänge im Lebensraum Bergwald, Waldgrenze und Zwergstrauchheide darstellen.

Gemeinsame Exkursionen und eine große Zahl zeichnerischer Studien vor Ort haben uns neue Einblicke gewinnen lassen. Wie im Buch „Alpenpflanzen im Lebensraum" (Gustav Fischer Verlag, 1987 ISBN 3-437-20397-5) stellen wir unsere Beobachtungen in der informationswirksamen Kombination von Foto, Zeichnung und Text dar. In unterschiedlichsten Dimensionen werden die Architektur der Wald- und Zwergstrauchvegetation, ihre interessanten Erscheinungsformen und deren lebensraumbedingten Abwandlungen sichtbar gemacht. Wir wollen zum eigenen Beobachten und Vergleichen anregen. Deshalb ist es ein Buch mit vielfältigen Farbbildern; es bietet aufschlußreiche Informationen für alle Pflanzenfreunde und eine fundierte Hinführung zum Studium von Lebenszusammenhängen. Den lateinischen Namen wurde der Vorzug gegeben, weil sie allein eindeutig sind. In doppelnamigen Registern lassen sich die gebräuchlichen deutschen Pflanzennamen leicht finden.

Besonderen Dank möchten wir den Kollegen W. TRANQUILLINI, W. LARCHER, A. CERNUSCA, CH. KÖRNER und ihren Mitarbeitern, sowie I. NEUWINGER aussprechen. Wir durften ihre in verschiedenen Fachzeitschriften veröffentlichen Forschungsergebnisse, aber auch neueste, noch unpublizierte Daten hier wiedergeben.

Dieses Buch berichtet über einen der vielgestaltigsten Lebensräume unserer Alpen – der zu seiner Erhaltung die besondere Hinwendung und Rücksicht aller erfordert, die in ihm zur Erholung wandern, die in ihm Sport treiben und die mit ihm leben.

Herbert Reisigl   Richard Keller

Florengeschichte

Als in der Kreidezeit der große Kontinentalblock Pangaea in einzelne Platten zerbrach, waren die Samenpflanzen schon in großer Fülle vorhanden und verdrängten durch ihre rasche Ausbreitung bald die alte Farn- und Nadelholzflora. Nach den verschiedenen Pollentypen lassen sich in der Oberkreide (vor 100 bis 65 Mill. Jahren) bereits mehrere unterschiedliche Florenprovinzen unterscheiden. Neben Baumfarnen lebten z.B. bereits *Magnolia, Liriodendron* und die Fächerpalme *Sabal* (Abb. 5), aber auch *Nothofagus, Castanea* und *Salix*. In Europa waren während der folgenden **Tertiärzeit,** die gut 60 Mill. Jahre dauerte, v.a. subtropische „Braunkohlensümpfe" mit Sumpfzypressen *(Taxodium)* und Mammutbäumen *(Sequoia), Tsuga, Cedrus* und *Pinus* (im Wiener Becken *P. canariensis* und *halepensis*) weit verbreitet. Noch im Mitteltertiär (Miozän) muß in Grönland ein warm-gemäßigtes „Laubwaldklima" wie etwa heute in Florida geherrscht haben, wie das Vorkommen des Tulpenbaumes beweist. Der eurasiatische Kontinent wanderte allmählich nach Norden, die Flora blieb in ihrer Klimazone und wurde etwa 15 Breitengrade nach Süden verschoben. Am Ende des Tertiärs (vor ca. 2 Mill. Jahren) wurden die paläotropischen Wälder vom Lauraceentyp allmählich ersetzt durch arktotertiäre vom Betulaceentyp (KLAUS 1986, Abb. 4).

Gleichzeitig wurden durch den Zusammenstoß der afrikanischen mit der eurasiatischen Kontinentalscholle die „alpidischen Gebirge" emporgepreßt und bildeten eine schwer überwindbare Schranke für die subtropischen Pflanzen, die nun vor dem immer kälter werdenden Klima nicht mehr nach Süden ausweichen konnten. Aber auch jene subtropischen Feuchtpflanzen, die sich schon vor der Gebirgsentstehung im Süden der Alpen befanden, gingen zugrunde, denn dort war bereits früher das alte Mittelmeer (Tethys) ausgetrocknet, ein Steppen- und Wüstenklima hatte die Feuchtwaldflora vernichtet und zur Ausbildung jener Anpassungsformen geführt, die wir heute als „Hartlaubgewächse" (z.B. *Quercus ilex*) kennen.

Im **Eiszeitalter** (Pleistozän, 3 Mill. bis heute) wechselten lange kalte Klimaphasen, die zur Vergletscherung der Alpen führten, mit kürzeren warmen „Interglazialen" bisher fünfmal ab, wobei die Flora am Alpenrand und im Vorland die inneralpine Vergletscherung überdauerte, dabei an wärmebedürftigen Arten verarmte, sich aber auch besser anpaßte und besondere Hochgebirgstypen (z.B. Polsterpflanzen) hervorbrachte. Noch im letzten Interglazial gab es eine Wärmeflora mit Eibe, Stechlaub, Ulme, Silberlinde, Buchsbaum, Wildem Wein und Pontischer Alpenrose (*Rhododendron sordellii,* Abb. 7).

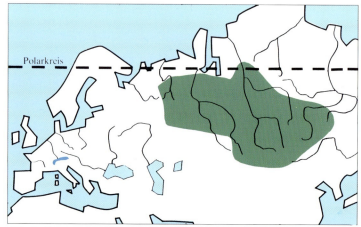

Abb. 1 Erst vor oder während der letzten Eiszeit gelangte die Zirbe *(Pinus cembra)* aus ihrem riesigen sibirischen Hauptareal in die Alpen.

Abb. 2 Die Zirbe ist der charakteristische Baum der Waldgrenze in den Innenalpen, besonders über Silikatgestein, spärlicher auch in den Kalkbergen (Dolomiten). Sie steigt höher als jeder andere Baum der Alpen.

HOLOZÄN Postglazial Wärmezeit	vorheute 1400	Menschliche Forste	Nachwärmezeit Jüngeres Subatl.
	2500	Buchenzeit	Älteres Subatlantikum
	4400	Tannen-Buchenzeit	Späte Wärmezeit (Subboreal)
	7200	Eichen-Mischwaldzeit	Mittlere Wärmezeit (Atlantikum)
	8300	Haselzeit	Frühe Wärmezeit (Boreal)
	10000	Jüngere Kiefernzeit	Vorwärmezeit (Präboreal)
PLEISTOZÄN Spätglazial Subarktische Zeit	10600	Jüngere Tundrenzeit	Jüngere Dryaszeit
	11700	Ältere Kiefernzeit	Alerödzeit
	12100	Ältere Tundrenzeit	Ältere Dryaszeit
	13000		Böllingzeit
	16000	Älteste waldlose Zeit	Älteste Dryaszeit

Abb. 3   Klima- und Waldentwicklung in der Nacheiszeit (aus: KLAUS 1986).

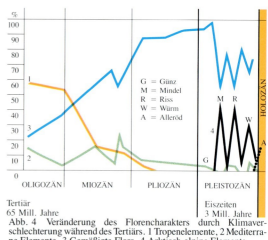

Abb. 4   Veränderung des Florencharakters durch Klimaverschlechterung während des Tertiärs. 1 Tropenelemente, 2 Mediterrane Elemente, 3 Gemäßigte Flora, 4 Arktisch-alpine Elemente.

Abb. 5   Fossiles Palmenblatt *(Sabal)* aus dem Tertiär (Häring, Tirol).

Abb. 6   Blatt von *Sabal palmetto* am natürlichen Standort (Florida).

Abb. 7   Fossiles Blatt der Pontischen Alpenrose *(Rhododendron sordellii)*, (Nordkette, Innsbruck).

Abb. 8   Pontische Alpenrose *(Rhododendron ponticum)* am natürlichen Standort (Südspanien).

Abb. 9 Fels-Seidelbast *(Daphne petraea):* endemischer Zwergstrauch der Berge zwischen Gardasee und Idrosee, als voreiszeitliches Relikt in einem kleinen Areal erhalten geblieben.

Entwicklung des Waldes in den Alpen
(nach KRAL 1979)

Die letzte Eiszeit (Würm) begann vor etwa 70000 Jahren. Die Abkühlung war am Anfang mäßig, sodaß Lärche und Zirbe gediehen. Die Kaltzeit wurde durch mehrere warme Phasen (Interstadiale) unterbrochen, in denen sich lichte Nadelwälder mit Hasel, Eiche und Buche ausbreiten konnten. Der Höhepunkt der Vergletscherung, die die Alpentäler wieder mit Eis füllte, begann vor etwa 30000 Jahren und endete vor 16000 Jahren. Im **Spätglazial** (bis 10000 vor heute) begann die Wiedereroberung des vom Eis verwüsteten Alpenraumes zunächst durch eine karge Tundra (*Dryas*-Flora); allmählich wanderten auch die Waldbäume aus ihren Randrefugien wieder ein (Abb. 10, 12, 14). Die Zirbe trat bereits vor etwa 12000 Jahren auf, als die großen Alpentäler eisfrei waren. Die **Nacheiszeit** (Postglazial: 10000 bis heute) ist ebenfalls durch ständige „Klimapendelungen" zwischen warmen und kalten Abschnitten gegliedert, wobei eine Abkühlung oder Erwärmung um 1 bis 3° bereits schwerwiegende Folgen hat. Auf lichte Kiefernwälder (mit Birke und Meerträubel-*Ephedra*) folgten bald Hasel und Fichte. Die Zirbe bildete bei etwa 2300 m die Waldgrenze. In der **„Wärmezeit"** breiteten sich Eichenmischwälder aus, die später von Tanne und Buche verdrängt wurden. Danach war die Buche in den Randalpen der dominierende Waldbaum (Übersicht Abb. 3).

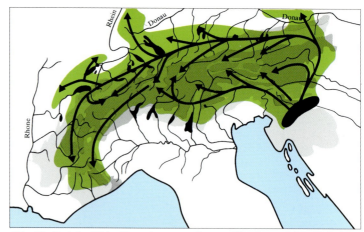

Abb. 10 Nacheiszeitliche Einwanderung von Osten und heutige, natürliche Verbreitung der Fichte *(Picea abies)*.

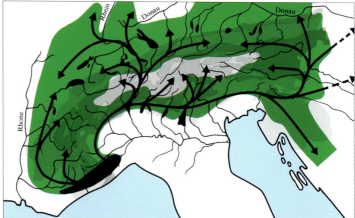

Abb. 12 Nacheiszeitliche Einwanderung von Westen und heutige, natürliche Verbreitung der Tanne *(Abies alba)*.

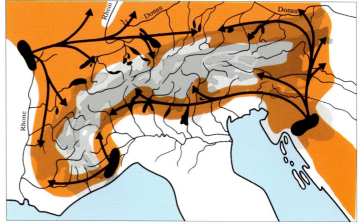

Abb. 14 Nacheiszeitliche Wanderwege der Buche *(Fagus sylvatica)*, von Osten, Westen und Süden. Schwarze Flächen: Eiszeitliche Refugien.

Abb. 11 Schmalkronige Fichte der subalpinen Stufe.

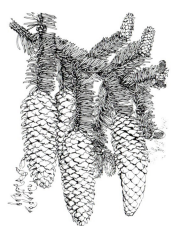
Blüten und Zapfen der Fichte.

Abb. 13 Subalpiner Tannenmischwald.

Tannenzapfen mit stehenbleibender Spindel.

Abb. 15 Buchenwald in den südlichen Kalkalpen.

Männliche und weibliche Blüten und Frucht der Buche.

Veränderungen des Bergwaldes durch menschliche Eingriffe

Der Mensch lebte schon im letzten Interglazial (Altsteinzeit, 30000 vor heute) in den Alpen. In der Jungsteinzeit (5. Jt.) trieb er am Alpenrand und in den großen Tälern bereits Ackerbau und Viehzucht. In der Bronzezeit (2500 bis 900 v. Ch.) waren Kupferbergbau und Almwirtschaft seine wichtigsten Lebensgrundlagen; in der Hallstattzeit (800-400) traten Eisen und Salz an deren Stelle; die höchsten Dauersiedlungen lagen schon 1200 m hoch. Zur Zeitenwende wanderten Römer, Kelten und Illyrer zu, aber der Wald blieb noch fast unangetastet. Um 700 drangen von Osten Slawen, von Norden Bajuwaren und Alemannen in die Alpen vor und bauten entlang den alten Römerstraßen ihre Einzelhöfe. Im 12./13. Jh. ließen die Fürsten und Klöster große Rodungen anlegen, wenn auch zunächst nur im Umkreis der Siedlungen. Erst durch die Bevölkerungszunahme und die Almrodungen wurde der Wald aufgelichtet und die Waldgrenze herabgedrückt. Als die Pest im 14. Jh. viele Menschen dahinraffte, konnte der Wald sich kurz erholen; aber schon im 16. Jh. begann, stärker als je zuvor, die rücksichtslose Ausbeutung der Alpenwälder.

Spannend wie ein Krimi liest sich der Bericht von G. FROMME (1955) über den „Waldrückgang im Oberinntal" (Originaltitel). Die Rede ist hier von den inneralpinen Seitentälern Ötztal, Pitztal, Kaunertal und Paznauntal, die als Modellfälle für die negativen Wirkungen rücksichtsloser Waldausbeutung und -verwüstung auf Siedlungsraum, Landwirtschaft und Walderhaltung gelten kön-

Abb. 16   In den inneren Alpentälern sind die Sonnhänge durch Almrodung heute meist völlig entwaldet und in von Zwergsträuchern durchsetzte blumenreiche Bürstlingrasen *(Nardetum)* umgewandelt. Nur am Schatthang ist der Wald, hier ein reiner Zirbenwald, erhalten.

Abb. 17 Parkartige Auflichtung durch Beweidung auf mäßig geneigten Hängen im Silikatgebirge.

Abb. 18 Auch im Kalkgebirge können durch Almrodung abwechslungsreiche Landschaftsbilder entstehen.

nen. Im frühen Mittelalter waren die Tiroler Wälder frei verfügbares Eigentum der bajuwarischen Siedler, doch nahm die ungeregelte Nutzung bald solche Formen an, daß sich Kaiser Ferdinand I. um 1560 genötigt sah, den Großteil der Bauernwälder zu enteignen und damit dem Staat zu erhalten, der für den Bergbau und die Salinen ungeheure Mengen Holz verbrauchte. Im 19. Jh. forderten die Bauern immer ungestümer vom Wiener Hof ihr altes Eigentum zurück. Jahrzehnte dauerte der Streit; diesen praktisch gesetzlosen Zustand nutzten die Bauern, um so viel Holz wie irgend möglich zu schlagen und zu verkaufen. 1847 ging der Wald endlich wieder in ihren Besitz über, aber die Verwüstung war bereits so weit fortgeschritten, daß schon 1852 das „Reichsforstgesetz" für eine geregelte Waldwirtschaft erlassen werden mußte. Der Bergwald aber konnte sich bis heute nicht mehr erholen, wozu vor allem die unsinnigen Praktiken der früheren Almwirtschaft am meisten beigetragen hatten: Brandrodung für Weidegewinnung im Schutzwald; Schlägerung der besten Samenbäume für den Holzbedarf; Waldweide und Streugewinnung (Nährstoffentzug!); Bergmahd; Ausreißen des Jungwuchses und Abbrennen der Gehölze an der Waldgrenze. Diese Mißwirtschaft hatte natürlich nur eine weitere Verschärfung der Notlage der Bergbauern zur Folge, weil nun Lawinen und Muren die kargen Äcker und Wiesen fast alljährlich verwüsteten, sodaß viele Höfe aufgegeben werden mußten. Ganze Täler, die P. ANICH, 1774 auf seiner ziemlich genauen Karte als geschlossen bewaldet eingezeichnet hatte, sind heute bis auf Einzelbäume völlig entwaldet (Ventertal, Taschachtal). Ohne den Fremdenverkehr, vor allem den Skitourismus, hätten diese Hochtäler von den Bauern wohl ganz aufgegeben werden müssen.

In diesem Buch haben wir versucht, die Schönheit der Bergwälder und die Gesetze ihrer Einfügung in den Lebensraum darzustellen. Wir haben bei dieser Betrachtung den Einfluß des Menschen weitgehend ausgeklammert. Bevölkerungswachstum und Technisierung, aber auch neue Lebensgewohnheiten haben zu einem ungeheuren Druck auf die Natur geführt. Wir kommen zunehmend in ernste Gefahr, der Erde, die uns alle trägt, nicht wieder gutzumachende Schäden zuzufügen.

Waldsterben – das Ende des Bergwaldes?

Baum- und Waldsterben hat es auch in früheren Jahrhunderten gegeben; solche Ereignisse traten aber immer nur lokal begrenzt auf. Die Ursachen waren zumeist klimatischer Natur (zu trockene, zu feuchte oder zu kalte Jahre), wodurch die Widerstandsfähigkeit der Bäume geschwächt und sie für Krankheiten anfälliger wurden. Ganz andere Ursachen hat das „Neue Waldsterben" in Europa (MAYER 1986, DÄSSLER 1991), das nicht mehr auf kleine Flächen begrenzt blieb, sondern seit etwa 1980 großflächig alle Länder mit hohem Schadstoffgehalt der Luft betraf. Als „krank" wurden etwa in Österreich 60% der Wälder eingestuft, wobei ein klarer Zusammenhang zwischen Nähe und Stärke der Immissionen und Grad der Schädigung besteht. Vor allem die Tanne als empfindlichster Baum ist in großen Teilen ihres Areals ernstlich bedroht.

Die **Krankheitsbilder** sind vielfältig: Gelbwerden und Verlust von Blättern und Nadeln führen zu Auslichtung der Krone und Wipfeldürre. Verringertes Wachstum, Absterben von Feinwurzeln und Mykorrhiza (Pilzsymbiose) sind die Folge. Die Hauptursache für diese Entwicklung, deren Konsequenzen man noch nicht absehen kann, sind so vielschichtig wie die Schäden. Rauchgase der Industrie (SO_2, HF, CO) werden durch den Wind über große Entfernungen verfrachtet und bilden in der UV-Strahlung der Atmosphäre eine Fülle giftiger Sekundärstoffe („Photooxydantien"). Während der Schwefelausstoß der Industrie durch den Einbau von Filtern kaum mehr eine Rolle spielt, setzen Kraftfahrzeuge und Flugzeuge immer noch Kohlenmonoxid (CO) und Stickoxyde (NO, NO_2) in großen Mengen frei, die mit organischen Verbindungen ebenfalls Photooxydantien bilden. Bei der Verbrennung von Plastikmüll (PVC) entstehen hochgiftige Chlorgase. Schwermetalle (Blei, Cadmium, Quecksilber) aus verschiedenen Quellen verseuchen zunehmend den Boden, werden von Pflanzen aufgenommen und angereichert (LARCHER 1994). Bei der gesamten Waldschadensproblematik darf nicht übersehen werden, daß die Betroffenen selbst auch einiges zur Verschlechterung des Zustandes beigetragen haben: die Forstwirtschaft durch unsachgemäßen oder unnötigen Bau von Straßen (Erosion) und schlechte Waldnutzung, die Landwirtschaft durch die noch immer nicht erfolgte Trennung von Wald und Weide, die Jagdpächter durch teilweise weit überhöhte Wildbestände, die Fremdenverkehrswirtschaft durch Kahlschläge für Schipisten. Hauptursache für das neuartige Waldsterben ist sicher die dauernde Einwirkung giftiger Schadstoffe der Luft, die primär die Photosynthese der Pflanzen beeinträchtigen. Dadurch wird eine Kettenreaktion in Gang gesetzt,

Abb. 19 Typisches Schadbild der Fichte: Verkahlung der Krone.

die mit verringerter Lebenskraft und erhöhter Anfälligkeit gegen Schädlinge beginnt und letztlich zum Absterben der Bäume führt. Hätten die Waldschäden so zugenommen wie anfangs befürchtet, wären die Konsequenzen v.a. für die Alpen unabsehbar gewesen. Wo der schützende Wald verschwindet, werden ganze Täler wegen der ständigen Bedrohung durch Muren und Lawinen unbewohnbar. Zum Glück sind die schlimmsten Prognosen nicht eingetreten. Ernsthafte Anstrengungen, die „Luftverschmutzer" zu reduzieren (Katalysator, Treibgase der Spraydosen), haben sicher dazu beigetragen. Seit etwa 15 Jahren scheinen sich die Schäden „stabilisiert" zu haben. Begasungsversuche im Labor zeigen, daß die Ursachen für das „Neuartige Waldsterben" äußerst komplex sind. Sich ändernde Klima- und Bodenbedingungen spielen dabei eine große Rolle (Erwärmung, Trockenheit, Bodenversauerung). Schonendere Nutzung des Waldes (Aufhören der Streugewinnung) und erhöhte Stickstoffzufuhr aus der Luft führten teilweise sogar zu besseren Wuchsleistungen der Bäume. 1997 waren in Tirol 37% der Bäume „nicht gesund" (LAND TIROL Bericht 1998); eine Verschlechterung ist aber im Schutzwald durch Überalterung und zu langsame Verjüngung eingetreten.

KÖRNER (1998) weist darauf hin, daß die Bodentemperatur (begrenzt das Wurzelwachstum) von Baumgruppen durch Selbstbeschattung deutlich niedriger liegt als unter freistehenden Einzelbäumen. Tiefe Temperaturen (unter 7°C), bei denen die Photosynthese (Stoffproduktion) noch funktioniert, hemmen aber direkt die Aktivität der Bildungsgewebe und damit das Wachstum.

Die exponierte Lebensform „Baum" ist also unter extremen Klimabedingungen schlechter gestellt als niedrige Wuchsformen in Bodennähe.

Bis wir das komplexe Problem des Waldsterbens besser verstehen lernen, ist noch viel Forschungsarbeit zu leisten. Gleichwohl sollte uns die eindringliche Warnung des kompetenten Fachmannes H. MAYER eine ernste Mahnung sein: „Für den mitteleuropäischen Menschen kann der Verlust des Waldes zu einem kulturellen Trauma werden".

Abb. 20 Im Kreislauf der Natur sind Vergehen und Werden untrennbar verbunden. Auf dem vermodernden Zirbenstrunk kommen junge Fichten auf.

Alpenklima
Geologie
Waldverteilung

Abb. 21 Wolkenstau am Alpenrand bewirkt Abkühlung und Erhöhung der Feuchtigkeit.

In Band 1 haben wir die Eigenschaften des Gebirgsklimas in seinen Wirkungen auf die Vegetation dargestellt. Daher mag hier der Hinweis auf zwei wichtige Erscheinungen genügen, die die Verteilung der Waldvegetation entscheidend beeinflussen.

1. **Niederschlag:** Der Alpenrand wirkt als Regenfänger, weil die feuchten Luftmassen zum Aufsteigen gezwungen werden und dabei durch Abkühlung zu Wolken kondensieren. Daher sind die Randalpen niederschlagsreicher und kühler (subozeanischer Klimatyp), die Innenalpen trockener und strahlungsreicher, aber auch stärkeren Temperaturextremen ausgesetzt (subkontinental-kontinentaler Klimatyp).

2. Das **Temperaturklima** wird mit dem Anstieg im Gebirge immer ungünstiger, die nutzbare Produktionszeit immer kürzer, Streßfaktoren (Frost, Wind) nehmen zu. Diese Verteilung wichtiger Klimafaktoren spiegelt sich getreu in der Waldverbreitung wider: An den Alpenrändern bildet **Buchenwald** bei 1600 m Meereshöhe die Waldgrenze, im Alpeninneren dagegen steigen Lärchen-Zirbenwälder auf etwa 2200 m hoch. Dazwischen erfolgt ein allmählicher Wechsel in den Anteilen der waldbildenden Baumarten. Zunächst mischt sich die Tanne dem Buchenwald bei, dann wird die Buche durch die Fichte ersetzt (zwischenalpine Tannen-Fichtenwälder), wobei mit wenigen Ausnahmen (Südwestalpen) immer die Fichte die Waldgrenze bildet. Erst in den zentralen Silikatketten bleibt die Fichte unter der Waldgrenze zurück. Sie bildet über der montanen noch eine tiefsubalpine Waldstufe aus; die letzte „hochsubalpine" Stufe aber gehört allein dem **Zirbenwald.** So

ist also das Großklima, v.a. die Niederschlagsverteilung, in erster Linie für die Waldverteilung bestimmend. Gesteinsuntergrund und Boden können nur in Teilbereichen entscheidender als das Klima werden. Für den Wald spielt der Gesteinsuntergrund im allgemeinen keine sehr große Rolle, denn alle waldbildenden Bäume gedeihen sowohl über Silikat wie über Kalk. Eine Ausnahme macht nur die Zwergstrauchstufe: Die beiden bestandbildenden Alpenrosen sind streng an das Gesteinssubstrat gebunden und schließen sich in ihrer großflächigen Verbreitung gegenseitig aus. Auch die vorwiegende Bindung der Legföhrenbestände an Kalkschutt und -fels (wohl aus bodenphysikalischen Gründen: Trockenheit) ist offenkundig.

Mit dem Umbiegen der Alpenkette aus der Ost-West- in die Nord-Süd-Richtung ändern sich Geologie und Klima. Während in den **Ostalpen** der klimatischen Symmetrie eine geologische Symmetrie parallel läuft (außen feucht und Kalkgestein, innen trocken und Silikat), ist der geologische Aufbau der **Südwestalpen** viel verwickelter: Kalkgebiete, harte Silikate und große Glimmerschieferzonen durchdringen einander. Das Klima wird v.a. an der Westseite zunehmend trockener, sodaß Buche und Fichte zurücktreten. Die Zirbe ist zwar noch vorhanden, aber aus historischen Gründen weist sie große Verbreitungslücken auf, die z.T. von der Spirke *(Pinus uncinata)* ausgefüllt werden. Häufigster Baum der obersten Waldstufe ist hier die Lärche. Der menschliche Einfluß ist noch stärker als in den Ostalpen, sodaß heute große Flächen potentiellen Waldgebietes von Weiderasen und Zwergwacholder-Gesträppen eingenommen werden. Ganz im Süden macht sich vereinzelt schon der Einfluß des Mittelmeerklimas bemerkbar, indem südmediterrane Gebirgselemente auftreten (Dornpolsterheiden: *Astragalus sempervirens*). Nur die Nordseite der Seealpen und Ligurischen Alpen ist relativ kühl und feucht, sodaß hier neben Buchen auch subalpine Tannenwälder bis zur Waldgrenze reichen.

Abb. 22 Sommerliches Schneegestöber im Zirbenwald. An der Waldgrenze können auch im Hochsommer Frost und Schneefall auftreten.

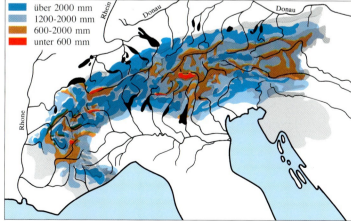

Abb. 23 Schematische Verbreitung der Klimabereiche in den Alpen: Alpenrand ozeanisch, Innenalpen kontinental.

Abb. 24 Sonnhang in den Silikatalpen mit verschiedenen Stadien der Bodenentwicklung (Blockhalde, Schutt, Ranker). Unten steht reiner Lärchenwald. Oben wird, in einem besonders deutlichen Beispiel, die Waldgrenze von der Zirbe gebildet.

Böden

Silikatalpen (Abb. 25)

Die Bodenkunde liefert Beweise dafür, daß der größte Teil der heute waldfreien Zwergstrauchheidenstufe potentielles Waldgebiet ist oder früher war (Brandhorizonte!). Die Böden dieser Alpenrosen- und Vaccinienheiden sind nämlich durchwegs gestört: Über alten, teilweise abgetragenen Waldböden regenerieren sich neue Böden. Endglied der Bodenentwicklung in der Waldgrenzzone ist ein Eisen(humus)-Podsol. Der Zeitbedarf hierfür wird auf etwa 1000 Jahre geschätzt. Durch die Verlagerung von Eisen, Aluminium und Humusstoffen wird eine obere Bodenschicht ausgewaschen (Bleichhorizont), eine untere mit diesen Stoffen angereichert (B-Horizont). Dieser im Silikatgebirge allgemein verbreitete Vorgang wird Podsolierung genannt. Die oft mächtige Streuauflage unter Nadelbäumen und Ericaceensträuchern wird nur unvollständig zersetzt; die Böden sind nährstoffarm, weil der Großteil des Kohlenstoff- und Stickstoffvorrats im Humus gebunden ist und nur durch die Vermittlung von Mykorrhizapilzen für die Pflanzen verfügbar wird.

Kalkalpen (Abb. 27)

Bei der Verwitterung des Kalkgesteins wird Karbonat und Sulfat ausgewaschen und geht ins Grundwasser, nur der tonreiche Rückstand (meist 1-5%) steht für die Bodenbildung zur Verfügung. Daher muß etwa 2 m Fels verwittern, um 20 cm Verwitterungsprodukt entstehen zu lassen. Wesentlich ist die Härte des Ausgangssteins: in der gleichen Zeitspanne kann sich über Hartkalken nur eine dünne Bodenschicht bilden, während über weichen, leicht verwitterbaren Kalkmergeln tief-

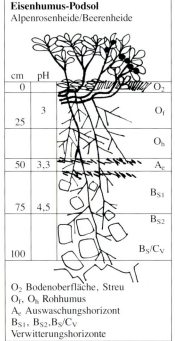

Abb. 25 Profil eines Silikatbodens.

Abb. 26 In den Kalkalpen herrschen im Waldgrenzbereich wenig entwickelte Böden vor *(Tangelrendzina)*. Sie werden hier überwiegend von Legföhren besiedelt.

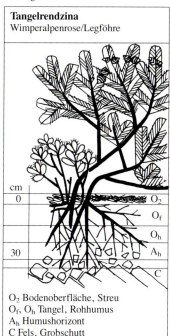

Tangelrendzina
Wimperalpenrose/Legföhre

O_2 Bodenoberfläche, Streu
O_f, O_h Tangel, Rohhumus
A_h Humushorizont
C Fels, Grobschutt

Abb. 27 Profil eines Kalkbodens.

gründige Erden entstehen. Im Waldgrenzbereich sind die Kalkböden (Rendzina, Humuskarbonatboden) meist ebenfalls mit einer dicken Humusauflage (Tangel) bedeckt, bei günstigeren Bedingungen in tieferen Lagen (Buchenwald) entsteht eine lockere Humusschicht (Mull, Moder). Durch Entkalkung und Versauerung führt die Entwicklung dann zu Braunerden.

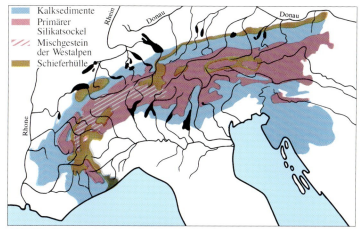

Abb. 28 Der geologische Bau der Alpen ist im Westen komplizierter als im Osten. Im Osten: Kalkberge am Alpenrand, Silikatberge im Alpeninneren. Im Westen: ein Mosaik.

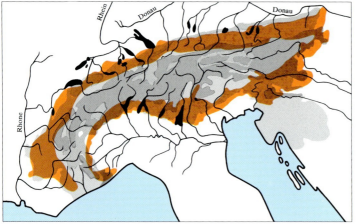

Abb. 29 Verbreitung der Buche *(Fagus sylvatica)* in den Alpen.

Abb. 30 Buchenwaldgrenze (Nördl. Kalkalpen).

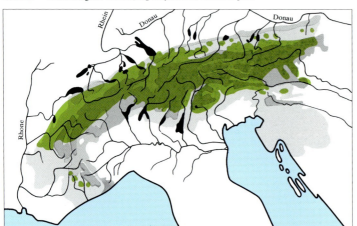

Abb. 31 Verbreitung der Fichte *(Picea abies)*.

Abb. 32 Subalpiner Fichtenwald.

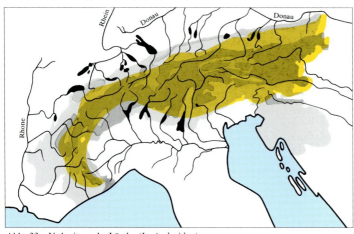

Abb. 33 Verbreitung der Lärche *(Larix decidua)*.

Abb. 34 Lärche an der Waldgrenze (Hohe Tauern).

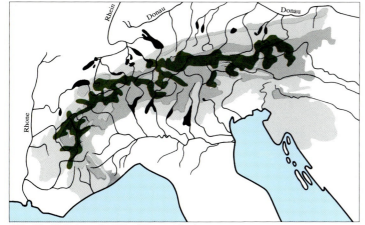

Abb. 35 Verbreitung der Zirbe *(Pinus cembra)*.

Abb. 36 Alpenrosen-Zirbenwald.

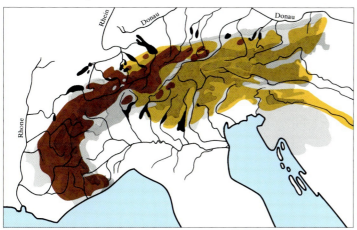

Abb. 37 Verbreitung von ▆ Legföhre *(Pinus mugo)* und ▆ Spirke *(Pinus uncinata)*.

Abb. 38 Legföhrenbestand (Nördl. Kalkalpen).

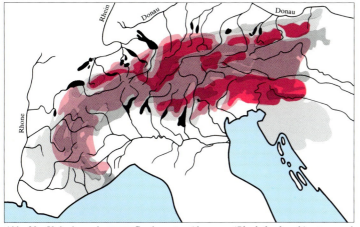

Abb. 39 Verbreitung der ▆ Gewimperten Alpenrose *(Rhododendron hirsutum)* und der ▆ Rostroten Alpenrose *(Rhododendron ferrugineum)*.

Abb. 40 Wimper-Alpenrosen *(Rhododendron hirsutum)*.

Höhenstufen und Lebensbereiche

Abb. 41 Schaft-Kugelblume
(Globularia nudicaulis).

Abb. 42 Wimper-Alpenrose
(Rhododendron hirsutum).

Abb. 43 Wald-Habichtskraut
(Hieracium sylvaticum).

Lebensbereiche sind größere oder kleinere Ausschnitte der Landschaft mit einer ganz bestimmten Kombination von Klima- und Bodenfaktoren, in denen bestimmte Pflanzen (und Tiere) Lebensmöglichkeit finden. Nicht immer genügt die Erfüllung der Ansprüche einer Einzelpflanze oder einer Population, denn viele Konkurrenten wollen den freien Platz besetzen, aber nur wenige können sich dank höherer Vitalität und besserer Anpassung in ökologischer (Streßtoleranz) und biologischer Hinsicht (höhere Reproduktionsrate) durchsetzen. So entstehen verschiedene Arten von Pflanzengesellschaften: Solche wie unsere Bergwälder, in denen ein oder wenige Bäume dominieren, zahlreiche „Begleiter" aber eine untergeordnete Rolle spielen; oder vielartige Gemeinschaften ohne Vorherrschen einer einzigen Art, wie in manchen bunt gemischten Hochstaudenfluren. Dieser Fall ist der weitaus seltenere. Je stärker sich einzelne Umweltbereiche gegeneinander abgrenzen, etwa durch den Gesteinswechsel Kalk − Silikat oder durch schroffe Kleinklimagrenzen, wie sie besonders in der waldfreien alpinen Stufe beherrschend werden (Schneemulden − Windkanten), umso schärfer wird auch die Grenze zwischen zwei verschiedenen Pflanzengesellschaften sein. Das **Klima** ist also der wesentliche Faktor für die Waldverteilung in der Horizontalen wie in der Vertikalen. Beim Anstieg vom Tal zum Gipfel durchmessen wir auf 3000 Höhenmetern alle Temperaturstufen wie auf der langen Reise in den hohen Norden: Das Klima wird rauher, Wind, Frosthäufigkeit und Schneedeckenandauer nehmen zu. Dieser allgemeine vertikale Temperaturgradient wird durch das Relief der Landschaft abgewandelt: Sonnseitige Südhänge sind wärmer und trockener und apern viel früher aus als die kühlen und feuchten Nordhänge. Überraschenderweise gibt es aber viel seltener fließende Übergänge oder den allmählichen Ersatz einer Baumart durch eine andere, wie es der gleichmäßigen Temperaturabnahme mit der Höhe entsprechen würde, sondern viel häufiger relativ scharfe Grenzen, an denen bestimmte Baumarten, bestimmte Pflanzengesellschaften oder bestimmte Lebensformen haltmachen und durch andere, besser angepaßte abgelöst werden. Dies zeigt, daß eben nicht allein die Temperatur, sondern eine Fülle verschiedener Faktoren für die Abgrenzung von Lebensbereichen wirksam sind, deren Zusammenspiel schwierig zu erfassen ist. Gut abgegrenzte **Höhenstufen** also, die sich übereinander anordnen, wobei im Waldbereich kleinere Reliefunterschiede durch das Eigenklima des Waldes ausgeglichen werden. Erst über der Waldgrenze, schon im Bereich der Zwergstrauchheiden, noch mehr in der Grasheidenstufe, zeichnet die Vegetation getreu das

Abb. 44 Höhenstufenfolge in den Salzburger Kalkvoralpen: Am warmen Südhang dominieren an der Waldgrenze die Buchen, am Nordhang Legföhren und Fichten. Ausgedehnte Legföhrenbestände reichen bis auf die Gipfel (ca. 1700 m).

vom Relief abhängige Klein- und Mikroklimageschehen nach, dessen Auswirkungen im Spätfrühling als Schnee-Apermuster, im Sommer als Vegetationsmosaik im Gelände direkt sichtbar werden.

Die **Silikatberge** der Innenalpen haben über einer montanen und subalpinen Fichtenstufe den Lärchen-Zirbenwald; die **Waldgrenze** wird häufig von der Zirbe allein gebildet. Sonderstandorte werden von Legföhren (Fels- und Blockwerk) und hochstaudenreichen Grünerlengebüschen (Lawinenzüge, Bachsäume, Naßböden) besiedelt. An dieser auffallendsten Vegetationsgrenze beginnt das Reich der Alpenrosenheiden, die schon den Unterwuchs der offenen Zirbenwälder bilden. Mit zunehmender Meereshöhe verteilt sich die Zwergstrauchvegetation entsprechend dem Geländerelief nach der Länge der Aperzeit und dem Schutzbedürfnis durch die Winterschneedecke: Die Alpenrosen nehmen die schneereichen Nordhänge und Mulden ein, Gemsheidespaliere die wind- und frostexponierten Erhebungen, die Beerenheiden die mittleren Standorte, die Zwergwacholder-Bärentraubenheide schließlich die trockenwarmen, früh ausapernden Südhänge.

Abb. 45 In den Silikat-Innenalpen wird der subalpine Fichtenwald bei etwa 1600-1800 m vom Zirbenwald abgelöst. Natürliche Waldgrenzen bestehen fast nur an unzugänglichen Steilhängen. Wald wächst auf Geländerücken, die Gräben als Lawinenlaufbahnen bleiben baumfrei.

2400 m	Alpine Rasen
	Legföhren, Alpenrosen, Beerenheiden
	Weiderasen *Nardetum*
2200 m	
	Je nach Geländerelief können Zirbengruppen über die Grenze des geschlossenen Waldes emporsteigen
	Auslösungszone des Zirbenwaldes
2000 m	
	Schmaler Bereich des reinen Zirbenwaldes
	Beerenheide *Empetro-Vaccinietum*
1800 m	
	Zirben-Lärchenwald *Larici-Pinetum cembrae*
	Grünerlen in wasserführenden Rinnen
1600 m	
	Subalpiner Lärchen-Fichtenwald mit schmalkronigen Bäumen
	Kulturwiesen
1400 m	
	Montaner Fichtenwald mit talwärts zunehmender Kronenbreite

Pflanzensymbole und -farben dieses Schemas sind auch auf den Seiten 27, 58, 80, 102 und 131 verwendet.

Abb. 46
Höhenstufen des Bergwaldes im Silikat
Ausbildung an einem Nordost-Hang

Zirbe *Pinus cembra*
Lärche *Larix decidua*
Fichte *Picea abies*
Legföhre *Pinus mugo*
Grünerle *Alnus viridis*
Rost-Alpenrose *Rhod. ferrug.*
Beerenheide *Empetro-Vacc.*
Weiderasen *Nardetum*
Kulturwiesen

Die **Kalkberge** der Nord- und Südalpen haben eine ganz andere Architektur. Senkrechte Felswände bieten dem Wald keinen Lebensbereich, bewegliche und daher der Besiedlung feindliche Schutthalden reichen bis weit in die montane Stufe herab.

Im Kalkgebirge erreichen also manche Pflanzengemeinschaften aus Gründen des schroffen Reliefs ihre klimatisch mögliche Höhengrenze nicht. Über der montanen Buchen- bzw. Buchen-Tannenstufe, die am Alpenrand auch die einzige Waldstufe sein kann, folgt weiter alpeneinwärts ein von Fichten dominierter Mischwald mit Tanne, Buche, an Südhängen auch Föhre, darüber ein sehr ausgedehnter und in manchen Alpenteilen landschaftsprägender subalpiner Busch-„Wald" der Legföhre *(Pinus mugo)*. Zum Bereich der Legföhrengebüsche gehören als Unterwuchs oder als Pionierstadien die Kleinsträucher wie Wimperalpenrose, die aber kaum irgendwo zu größeren Beständen zusammenschließen, wie die Rostalpenrosenheiden der Silikatberge. Gemsheidespaliere, obwohl an sauren Boden gebunden, können auch im Kalkgebirge exponierte Stellen besiedeln, sobald der Fels durch eine Humusschicht abgedeckt ist. Schutt- und Rasenpflanzen der alpinen Stufe steigen wegen der starken Gesteinsdynamik (Erosion) bis in die montane Stufe hinab; in den verschiedenen Entwicklungsstadien der Schutthaldenbesiedlung durch Almrausch und Legföhren spielen sie eine wichtige Rolle.

Abb. 47 In den Kalkalpen wird die Waldgrenze von Buchen oder Fichten mit Lärche (Rohböden!) gebildet, darüber folgt meist ein Legföhrengürtel, der auf Schutthalden bis in die montane Stufe hinabsteigen kann.

	2400 m
	2200 m
Legföhren an Schutt- und Felsstandorten	
	2000 m
Legföhrengebüsch	
Fichten und Lärchen in Legföhrenbeständen	
Blaugrasrasen	1800 m
Buchenbuschwald und Einzelbüsche auf überwachsenen Blockhalden	
Obergrenze größerer Bäume	
Wimper-Alpenrosenheiden	
	1600 m
Tiefsubalpiner Fichtenwald	
	1400 m
Buchenhochwald mit Tanne, Fichte und Kiefer	

 Lärche *Larix decidua*

 Buche *Fagus sylvatica*

 Fichte *Picea abies*

 Föhre *Pinus sylvestris*

Tanne *Abies alba*

Legföhre *Pinus mugo*

 Wimper-Alpenrose *Rhod. hirs.*

Blaugrasrasen *Sesleria varia*

Abb. 48
Höhenstufen des Bergwaldes im Kalk
Ausbildung an einem Südhang

Abb. 49 Ruhig liegender Lawinenstrich im reinen Zirbenwald, der mit Birken und Jungzirben zuwächst.

Abb. 50 Natürliche Wiederbewaldung einer breiten Lawinenbahn im Lärchenwald. An den Rändern Beerenheiden, in der Mitte Alpenrosen.

Abb. 51 **Vegetationsverteilung an einem entwaldeten Sonnhang** (Frühjahrsaspekt).

Schneemulden (ca. 2800 m) mit Schmelzwasserbächen mit unterschiedlicher Wasserführung und in verschiedenen Quellhöhen.

Zwergstrauchbestände auf Blockfeldern und Kuppen

Zwergwacholder-Bärentraubenheiden
Rost-Alpenrosenheiden

In den Rasenflächen sind Wasserzüge durch stärkere Grünfärbung erkennbar.

Durch Schmelzwasser gespeiste Weiderasen *(Nardetum/Callunetum)* in weniger geneigten Flächen der mittleren Lagen (2300 m), z.T. noch gemäht (Bildmitte).

Grünerlen in den Bachrinnen unterhalb des Almweges

Lichter 400jähriger Alpenrosen-Zirbenwald

Im Vordergrund ein reliefabhängiges Vegetationsmuster: vorne Beerenheide, dahinter hellfarbige, windexponierte Flechtenheide.

Lebensbereich Waldgrenze und Baumgrenze

Abb. 52 Südhang-Zirbenwald *(Pinetum cembrae calamagrostidetosum)* mit natürlichen, unterschiedlichen Obergrenzen.

Abb. 53 Durch Weiderodung bedingte scharfe Waldgrenze am Übergang zum Steilhang zur Almfläche (im Hintergrund).

Abb. 54 Wetterfichtengruppe nahe der Zirbengrenze. Unterste Zweige durch Schneepilze, Wipfel durch Frosttrocknis abgestorben.

Die obere Grenze des Bergwaldes in den Alpen ist wohl eine der eindrucksvollsten Vegetationsgrenzen überhaupt. Herrlicher dunkler Zirbenwald, in schmalen Streifen auf legföhrenbestandenen Rücken emporsteigende, immer kleinerwüchsige wettergezauste Fichtengruppen, mächtige Buchen, die auf kurzer Höhendistanz zu niedrigen breiten Sträuchern werden — tiefer oder höher im Gebirge stoßen sie alle an ihre absoluten Lebensgrenzen. Wie sieht nun die Waldgrenze heute aus und welches sind die äußeren und inneren Ursachen (Wirkungen) für diese und wohl auch die meisten anderen Grenzen im

Abb. 55 Alte Einzelzirben in der trockenen Zwergstrauchheide *(Junipereto-Arctostaphyletum, Callunetum)* als Zeugen ehemals geschlossenen Waldes. Durch Aufhören der intensiven Beweidung ist der Rasen wieder von Zwergsträuchern erobert worden. Zahlreiche Jungzirben zeigen die Entwicklung zu neuer Bewaldung.

Abb. 56 Wenig oberhalb einer ziemlich scharfen Grenze des subalpinen Fichtenwaldes wird die Baumgrenze durch einzelne Lärchenkrüppel in der Beerenheide markiert. Die Waldgrenze wird z.T. schon von Lärchen gebildet.

Hochgebirge? Scharfe Waldgrenzen sind in den Alpen selten; am ehesten findet man sie im schwer zugänglichen Steilgelände (Abb. 52), eine parkartige aufgelichtete Waldgrenz-Zone ist fast die Regel. Kommt da nicht der Verdacht auf, daß der „Normalfall" nicht der natürliche ist? Wirft die uralte Wetterzirbe, die in der Almwiese einsam den Winterstürmen trotzt, nicht die Frage auf, warum dort, wo ein Baum wächst, nicht auch oder nicht mehr ein ganzer Wald wächst? Die Antwort ist in den meisten Fällen klar: Die falsch verstandene sogen. „Kampfzone" — einzeln stehende Altbäume in der Zwergstrauchlandschaft — ist das Ergebnis lang dauernder menschlicher Eingriffe, v.a. durch Almrodungen. Scharfe Waldgrenzen können durch den Menschen aber auch dort erzeugt worden sein, wo ein steiler Talhang in eine Verebnung oder eine Kuppe übergeht, die sich günstig für die Almwirtschaft nutzen läßt (Abb. 53). An der Waldgrenze findet ein **Dimensionswandel** statt, nicht nur in den absoluten Größenmaßen, sondern auch im zugehörigen klimatischen Geschehen (Abb. 78 ff.). 10 m hohe Bäume werden abgelöst durch 10 cm hohe Rauschbeerheiden. Was hier der Zusammenhang zwischen Vegetationsstruktur und Bioklima des Bestandes bedeutet, auf den CERNUSCA als einer der ersten hingewiesen hat, ist nicht ohne weiteres verständlich. Zwar hat jeder schon erlebt, wie es ist, von einem heißen Sonnenhang in den kühlen Schatten eines Waldes einzutreten; auf die Dimension einer Alpenrosenheide übertragen, hieße es aber, die Natur aus der Perspektive einer Schneemaus oder — im Inneren eines nur 3 cm hohen „Mikrowaldes" der Gemsheide — mit den Augen einer Ameise zu sehen, um **alpines Bioklima** im Bestandesinneren zu begreifen.

Ob scharfe, ob aufgelockerte Waldgrenze, fast immer sehen wir oberhalb jenes Bereichs, in dem die letzten hochwüchsigen (5-8 m) Bäume stehen, einzelne, oft nur Dezimeter hohe Bäumchen — meist krüppelwüchsig, wipfeldürr und rundum zerzaust und beschädigt, in scheinbar regelloser Verteilung im Gelände — noch ein Stück höher steigen bis zur endgültig obersten Grenze der Art, der **„Krüppelgrenze"**. Die Höhenstufe zwischen Wald- und Baumgrenze („Ökoton") können wir als eigentliche **„Kampfzone"** auffassen, ein Kampf, der freilich ohne das angestrebte Ergebnis Wald bleiben muß, weil diese Krüppelzwerge nur in ökologisch günstigen kleinen Nischen des auf größeren Flächen nicht mehr besiedelbaren Geländes wachsen,

Das Bürstlingras ist gleich hoch wie der „Baum". Bei weiterer Bodenhebung durch Streuansammlung können die Zwergsträucher die Lärche überwachsen.

Abb. 57 Alter Lärchen-Zwerg an der Baumgrenze (2200 m).

aber ihre geringe Größe nie überschreiten können, da jeder Trieb, der über die günstige Nische hinauswächst, unbarmherzig durch Frost oder Vertrocknung zu Tode kommt. Trotzdem erreichen diese Zwerge oft ein erstaunliches Alter: An einer spannenlangen, bleistiftdünnen Lärche wurden 51 Jahrringe gezählt!

Abb. 58 Kleinformen von Lärchen an der Baumgrenze, durch Schneeschub geformt.

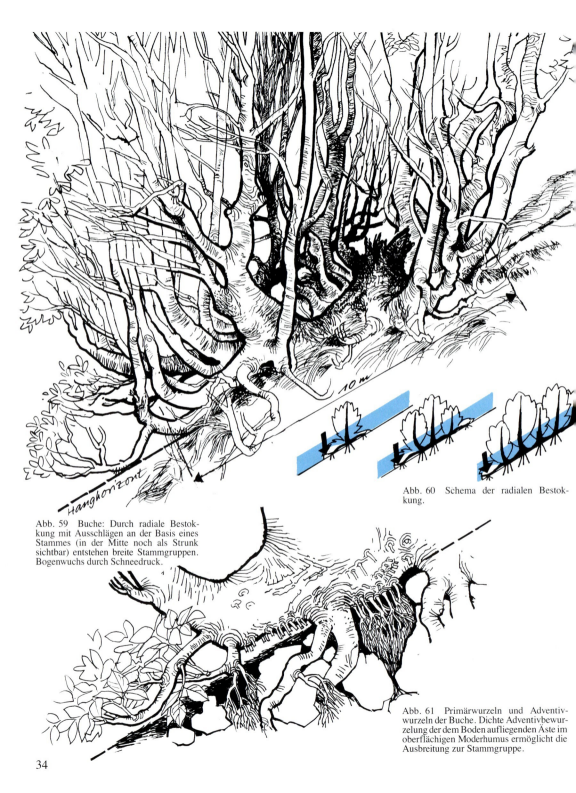

Abb. 59 Buche: Durch radiale Bestokkung mit Ausschlägen an der Basis eines Stammes (in der Mitte noch als Strunk sichtbar) entstehen breite Stammgruppen. Bogenwuchs durch Schneedruck.

Abb. 60 Schema der radialen Bestokkung.

Abb. 61 Primärwurzeln und Adventivwurzeln der Buche. Dichte Adventivbewurzelung der dem Boden aufliegenden Äste im oberflächigen Moderhumus ermöglicht die Ausbreitung zur Stammgruppe.

Abb. 62 Hohe Obergrenze des Buchenwaldes am Monte Baldo-Westhang (1800 m), durch feucht-warmes Klima im Gardasee-Fjord besonders begünstigt.

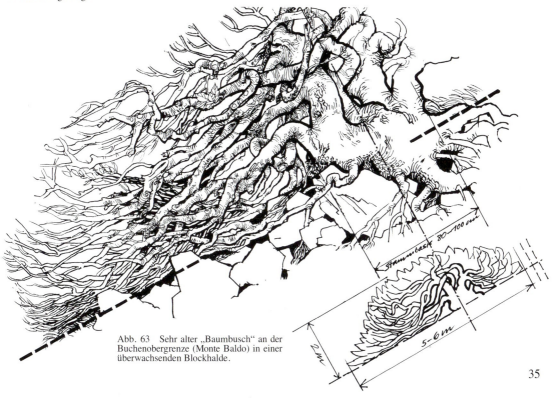

Abb. 63 Sehr alter „Baumbusch" an der Buchenobergrenze (Monte Baldo) in einer überwachsenden Blockhalde.

Wenn man die **Klimafaktoren** an der Waldgrenze mißt, so kommt als grobe Faustregel heraus, daß ein Baum mindestens hundert rel. warme Tage (Temperaturmittel zwischen 5,5 und 7,5°C) braucht, um eine positive Stoffbilanz zu erzielen, damit ein – wenn auch langsames – Wachstum möglich wird. Dabei haben wir zunächst alle anderen lebensbegrenzenden Wirkungen ausgeklammert. Nun wird aber während der Produktionsperiode im 2000 m-Höhenbereich v. a. im Frühling und Herbst die Photosynthese immer wieder durch Frost unterbrochen und nachhaltig gehemmt.

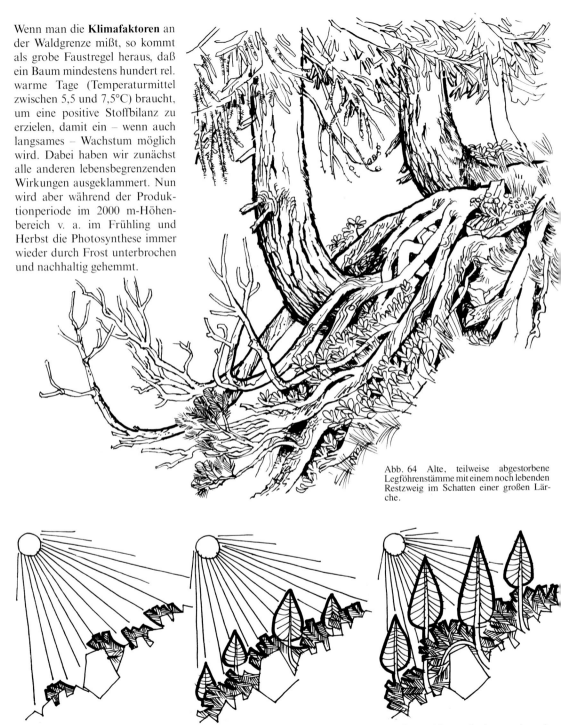

Abb. 64 Alte, teilweise abgestorbene Legföhrenstämme mit einem noch lebenden Restzweig im Schatten einer großen Lärche.

Abb. 65 Schema einer Pionierbesiedlung und Bestandessukzession in einer Blockhalde durch Legföhre und Lärche. Im Legföhrengebüsch aufkommender Lärchenbestand verdrängt durch zunehmende Beschattung die Legföhren, unter den Lär-

Abb. 66 Subalpines Vegetationsmosaik im Oberengadin: Lärchenwald und Legföhrengebüsche. Als Pioniergehölze in Lawinengassen Birken und Grünerlen. In der Bildmitte ist der Beginn einer Besiedlung mit Junglärchen sichtbar (siehe Abb. 65).

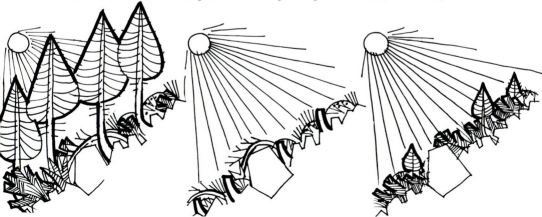

chen entwickelt sich eine Krautschicht. Erst nach Verschwinden der Lärchen durch Lawinen, Schlag oder Alter kommt wieder neuer Legföhrenbewuchs auf, in den wiederum Lärchen einwandern (siehe Abb. 66).

Abb. 67   Junge Zirbengruppe ober der Waldgrenze. Dichte Aussaat durch Tannenhäher.

Abb. 68   Krüppellärchen in einer Grobblockhalde an der Baumgrenze zeigen vielgestaltig intensives Wachstum.

Abb. 69   Breit gewachsener Fichtenhorst auf windexponierter Kuppe mit erodiertem Gemsheidespalier *(Loiseleurietum)*.

Die Aufnahme der nötigen Nährstoffe aus dem armen und biologisch wenig aktiven Rohhumusboden ist ohnedies nur mit Hilfe von symbiontischen Wurzelpilzen (**Mykorrhiza,** Abb. 137) möglich. Ohne diese Pilze würde der Baum verhungern oder gar nicht erst wachsen können. Stoffgewinn besteht aus dem Überschuß der Photosynthese über die Atmung; beide Vorgänge laufen mit abnehmender Temperatur verlangsamt und mit immer schlechterer Ausbeute ab, sodaß hier dem Wachstum, das ja ein energieaufwendiger chemischer Aufbauprozeß ist, eine natürliche Grenze gesetzt ist. Nun wird das Leben der Waldgrenzbäume aber nicht nur durch den möglichen Stoffgewinn und -zuwachs bestimmt, sondern auch durch zahlreiche, v.a. klimatische Streßfaktoren ± stark behindert oder unmöglich gemacht.

Die Lebensgemeinschaft aus Pilzen und Gefäßpflanzen bietet aber nicht nur für die Waldbäume, sondern auch für die Ericaceen der Zwergstrauchstufe und die dominante Arten der alpinen Rasen Wachstumsvorteile.

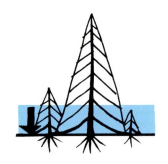

Abb. 70   Hoher Schnee drückt die unteren Äste der Fichte monatelang fest an den Boden.

Abb. 71 Stark beschädigte Zirbe. Die unteren Äste sind durch Schneepilze abgetötet.

Abb. 72 Verformung einer Lärche an der Baumgrenze durch Schneeschub. Die oberen Äste sind über den Schneeschub hinausgewachsen.

Nach Adventiv-Bewurzelung bilden sich neue Stämme.

Aus einem Einzelbaum entsteht so ein Fichtenhorst (siehe Abb. 69).

39

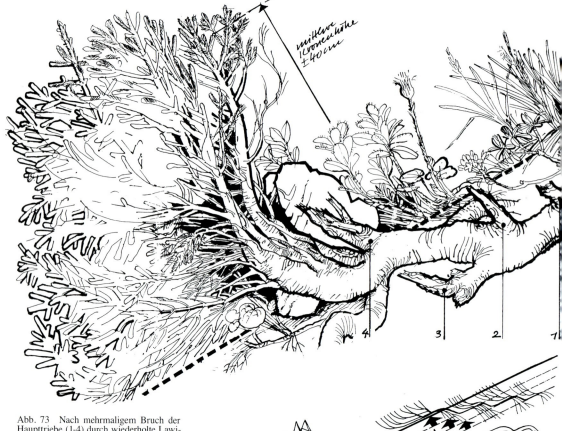

Abb. 73 Nach mehrmaligem Bruch der Haupttriebe (1-4) durch wiederholte Lawinen-Überschüttung konnte diese Zwergfichte an der Baumgrenze (1750 m) im Schutze eines großen Steines schließlich ein dichtverzweigtes Bäumchen ausbilden.

Schema des Stockwerkbaus bei Überschüttung und Überwachsung.

Abb. 74 Schema der Frosttrocknissituation.

Obwohl die Bäume hoher Lagen besser als ihre Artgenossen im Tal an die besonderen harten Lebensbedingungen angepaßt und daher rel. leistungsfähiger sind, können sie schließlich doch die eine oder andere notwendige Voraussetzung nicht mehr erfüllen: Die Vegetationszeit reicht nicht mehr aus, um die neugebildeten Organe (Triebknospen, Nadeln, Verholzung, Samen) voll auszureifen. Reife Samen können nur noch selten und in besonders günstigen Sommern ausgebildet werden (Abb. 87). So sinkt auch die Chance auf Nachwuchs, wenn eine Art nicht wie die Fichte durch vegetative Vermehrung (sich bewurzelnde Äste) Gruppen erzeugen kann. Die größte Gefahr ist aber sicherlich — wenigstens für die Nadelbäume — nicht der Frost, sondern das Vertrocknen. Dies betrifft alle während des Winters über die Schneedecke ragenden Teile eines Baumes. Bei gefrorenem Boden und durch zwangsläufige Transpiration (Wind!) können die erlittenen Wasserverluste nicht mehr aus den Stammreserven ersetzt werden: Nadeln und Triebe sterben durch **„Frosttrocknis"**, ab. (Abb. 74, 75, 76).

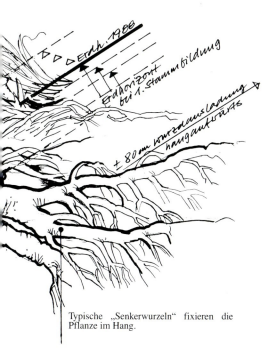

Typische „Senkerwurzeln" fixieren die Pflanze im Hang.

Abb. 75 Durch Frosttrocknis schwer geschädigte Jungzirbe.

Abb. 76 Wipfel einer Waldgrenzfichte durch Frosttrocknis abgestorben. Schneegeschützte Zweige sind in bestem Wachstum.

Ökophysiologie und Biologie der Bergwaldbäume und Zwergsträucher

Produktion und Wachstum

Eine positive Bilanz zwischen Stoffgewinn durch Photosynthese und Verbrauch durch Atmung (Energieaufwand für chemische Aufbauprozesse) ist bei jeder Pflanze Voraussetzung für das Wachstum. Unabhängig von anderen Faktoren ist also Leben dort nicht mehr möglich, wo diese Bilanz auf Null sinkt. An der Wald- bzw. Baumgrenze sind es mehrere Faktoren, die das Wachstum schließlich begrenzen:

1. Die **Temperaturen** von Luft und Boden sinken. Die Waldgrenzbäume sind gut an das niedrige Temperaturniveau angepaßt: Das Optimum des Stofferwerbs liegt bei der Zirbe zw. 10-15° C, die CO_2-Aufnahme ist erst durch das Ausfrieren des Wassers in den Nadeln bei etwa –4° C nicht mehr möglich.

2. Die Verkürzung der nutzbaren **Produktionszeit** auf ein für jeden Baum charakteristisches Mindestmaß (Zirbe etwa 6 Mon., Lärche etwa 4 Mon.). Kürzere Produktionszeit wird durch höhere Leistung ausgeglichen. (Abb. 78).

Eine genaue Bilanz nach Freilandmessungen zu erstellen, ist äußerst schwierig. HAVRANEK hat eine 60jährige, 8m hohe Lärche an der Waldgrenze (1950 m) untersucht und folgendes gefunden: Der Baum erzeugte im Jahr brutto 12 kg Kohlenstoff (das entspricht etwa 24 kg Trockensubstanz). Davon konnte er 5 kg, also über 40% in Zuwachs investieren, während 60% als „Betriebsausgaben" für Energieerzeugung (4,5 kg Atmung, 3,5 kg Wurzelatmung) und Erneuerung des Feinwurzelsystems verbraucht wurden. Im allgemeinen kann man rechnen, daß der Stoffgewinn eines Waldgrenzbaumes durch die Verkürzung der Produktionszeit und das Absinken der Photosyntheserate (produzierte Menge pro Zeiteinheit) weniger als die Hälfte der Leistung eines vergleichbaren Baumes in etwa 1000 m Meereshöhe beträgt.

3. **Frost** während der Vegetationsperiode hemmt die Aktivität am darauffolgenden Tag, bereitet im Herbst aber auch den Eintritt in die Winterruhe vor. Die Abhärtung gegen Frost nützt den Bäumen aber wenig, wenn z.B. im Frühling und Herbst die Aktivität der Wurzeln durch niedrige Bodentemperaturen gehemmt ist.

	Stoffverbrauch durch Atmung ⬇	
Niedriger bei tiefen Temperaturen		Höher bei hohen Organtemperaturen

Stoffbilanz ± 0 = physiologische Lebensgrenze

+	⬆ **Stoffgewinn durch Photosynthese**	–
Höher bei viel Licht günstiger Temperatur hoher Anpassung		Niedriger bei geringem CO_2-Angebot, niedriger Temperatur, Frösten während der Produktionszeit, starkem Wind (Spaltenschluß wegen H_2O-Defizit), langer Schneebedeckung, (verkürzter Produktionszeit)

Lebensraum über der Waldgrenze ▼ für Bäume ungünstig

Jährlicher Stoffgewinn niedrig ▼
Wachstum langsam ▼
Zuwachs gering ▼

Weniger Trieblänge Nadeln und Blätter ▶	weniger Stoffgewinn
Weniger Stammdurchmesser ▶	weniger Speicherkapazität für Wasser- und Nährstoffreserven
Weniger Wurzelraum und Wurzelmenge ▶	Schlechtere Wasserversorgung und Ernährung
Weniger Samenproduktion ▶	Geringe Chancen für Nachwuchs und Ausbreitung

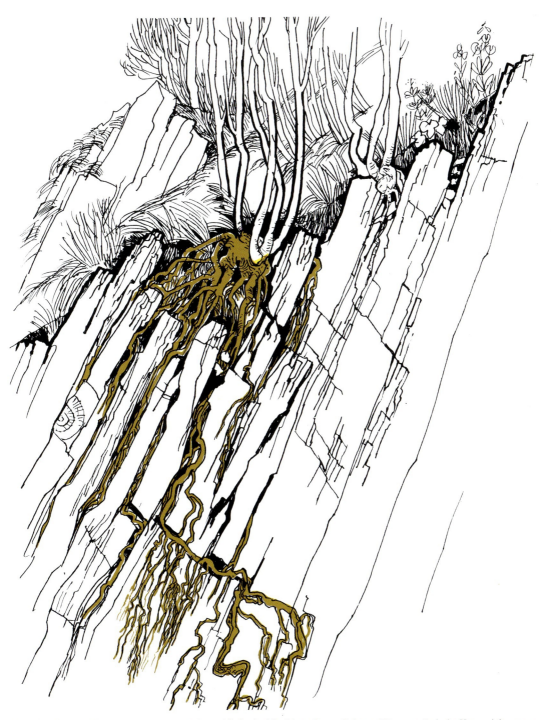

Abb. 77 Intensives Wurzelwachstum einer Buche erschließt mit vielen Metern Länge die letzten Wasservorräte in den Humuseinlagerungen im klüftigen Kalkfels. Nur durch Hanganschnitt beim Bergstraßenbau werden solche extremen Anstrengungen sichtbar.

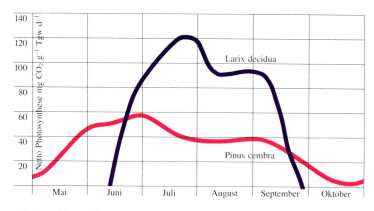

Abb. 78 Jahreszeitlicher Verlauf der Tagessummen der Netto-Photosynthese von jungen Zirben und Lärchen an der Waldgrenze (2000 m). Nach TRANQUILLINI 1962.

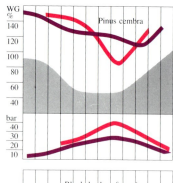

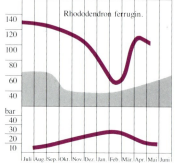

Abb. 80 Relation zwischen Wassergehalt und osmotischem Druck in Nadeln der Zirbe *(Pinus cembra)* und Blättern der Alpenrose *(Rhododendron ferrugineum)*
▬ Erwachsene Pflanzen
▬ Kleine Zirben
▨ Schädigungsbereich
Nach LARCHER 1984.

4. Stärkerer **Wind** beeinflußt indirekt die Photosynthese, weil er die Organtemperaturen senkt und durch die stark erhöhte Transpiration manche Pflanzen zum Spaltenschluß zwingt. Verschiedene Reaktionsmuster sind bekannt: Während etwa Fichte und Zirbe auch bei starkem Wind relativ wenig gestört werden, fällt bei der empfindlichen Alpenrose die Assimilation mit zunehmendem Wind steil ab und wird bei 15 m/sec. ganz eingestellt (Abb. 79). Und dies obwohl die niedrigen Zwergstrauchheiden durch ihr bodennahes Wachstum im allgemeinen weit weniger windexponiert sind als Bäume. Ausgenommen sind die Gemsheidespaliere der Windkanten, die durch ihre besondere Vegetationsstruktur ein erstaunlich günstiges Mikroklima im Bestandesinnern haben (siehe Bd. 1, CERNUSCA 1977).

5. **Wasser** ist im allgemeinen ausreichend vorhanden, so daß eine Einschränkung der Photosynthese durch Trockenheit wenigstens bei den Bäumen kaum zu befürchten ist. Obwohl der Wasserhaushalt

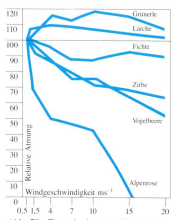

Abb. 79 Transpiration verschiedener subalpiner Baumarten (eingetopfte Sämlinge) mit zunehmender Windgeschwindigkeit.

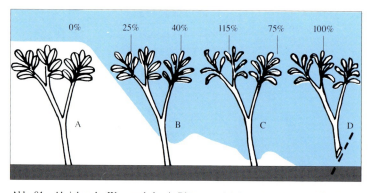

Abb. 81 Absinken des Wassergehaltes in Blättern und Achsen der Alpenrose *(Rhododendron ferrugineum)* nach dem Ausapern. Der Darstellung liegen Messungen auf dem Patscherkofel (Innsbruck) zugrunde. A: Anfang Februar, B: Mitte Februar, C: Mitte März, D: im Versuch abgeschnittener austrocknender Zweig. Die Prozentzahlen geben an, wieviel verfügbares Wasser abgegeben wurde. Zweig C hatte mit 115% soviel Wasser abgegeben, daß die meisten Blätter vertrocknet waren. Nach LARCHER 1963.

während der sommerlichen Vegetationszeit also kaum in Schwierigkeiten gerät, ist der Winter für viele immergrüne Holzpflanzen, die ganz oder teilweise ohne Schneeschutz dem austrocknenden Wind ausgesetzt sind, die entscheidende Jahreszeit. Die Wasserverluste durch Transpiration können nicht aus dem gefrorenen Boden, sondern nur aus den Reserven in Stamm und Zweigen ausgeglichen werden. Je dicker Stamm und Äste, desto größer die Reserve und die Überlebenschance. Die Fähigkeit, Austrocknung zu ertragen, ist sehr verschieden: Während erwachsene Zirben harte Winter im allgemeinen gut überstehen, leiden junge Bäume ebenso wie die empfindlichen Rostalpenrosen ± stark unter der **Frosttrocknis,** die so zum lebensbegrenzenden Faktor wird.

6. Die **Atmung** beeinflußt als negativer Bilanzposten den Stoffgewinn. Sie ist zwar — bei gleicher Temperatur — im Gebirge höher als im Tal (Abb. 83), das niedrige Temperaturniveau an der Waldgrenze setzt aber die Photosynthese stärker herab als die Atmung, wodurch das Gesamtergebnis schlechter wird: Eine Bergfichte veratmet ca. 20%, eine Talfichte nur 10% der Assimilate. Im übrigen wird das Verhältnis zwischen grüner assimilierender Oberfläche und unproduktivem Holz bei älteren Bäumen bald so ungünstig, daß der größte Teil der gewonnenen Energie in den Betriebsstoffwechsel gesteckt werden muß. Der Jahresgang der Stoffbilanz einer jungen Zirbe ist in Abb. 82 dargestellt. Unter der winterlichen Schneedecke veratmet eine Jungzirbe etwa 1/8 ihres Gewichts und arbeitet die ersten 20 Tage ihrer Produktionszeit nur, um den Winterverlust auszugleichen.

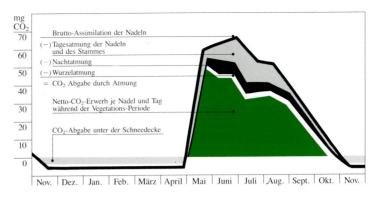

Abb. 82   Jahresgang der CO_2-Bilanz von Jungzirben. Ein Teil des durch Brutto-Assimilation aufgenommenen Kohlendioxyds wird durch Tages-Atmung der oberirdischen Teile, Wurzel-Atmung und durch Nacht-Atmung abgegeben. Der CO_2-Erwerb der Pflanzen während der Vegetationsperiode wird im Winter durch Atmung der ganzen Pflanze unter der Schneedecke geschmälert. Nach TRANQUILLINI 1959.

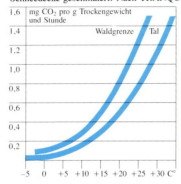

Abb. 83   Dunkelatmung der Fichte *(Picea abies)* Sommer-Messungen auf dem Patscherkofel (1840 m). Nach PISEK und WINKLER 1958.

7. **Frost- und Hitzeresistenz.** Viele, wenn nicht die meisten Schäden, die der Laie für Frostschäden hält, sind also in Wirklichkeit Trockenschäden. Die Waldgrenzbäume sind immer dann, wenn sie es brauchen, ausreichend frosthart: Die Zirben halten im Hochwinter unter –40° C, die Fichten und Latschen unter –35° C aus. Im Sommer hingegen erfriert die Zirbe bereits bei –6° C. Die Frostresistenz läuft also ziemlich genau dem Temperaturgang am Standort parallel. Durch das Absinken der Temperaturen im Herbst, werden die Bäume all-

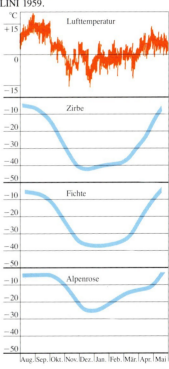

Abb. 84   Vergleich der Frostresistenz der Blattorgane von Zirbe, Fichte und Alpenrose am Standort Patscherkofel Waldgrenze. Nach PISEK und SCHIESSL 1947.

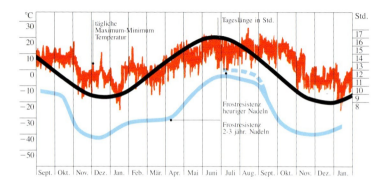

Abb. 85 Jahreszeitlicher Verlauf der Frostresistenz in Bezug zu Tageslänge und Tagestemperatur, Patscherkofel (2000 m). Nach SCHWARZ 1968.

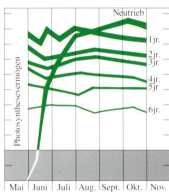

Abb. 86 Entwicklung des Photosynthesevermögens einer Fichte in Abhängigkeit vom Nadelalter. Rasterbereich = CO_2-Abgabe. Nach CLARK 1961.

mählich auf die winterliche Ruhepause vorbereitet, durch die zunehmende Wärme im Frühling wieder aufgeweckt. Dieses System könnte aber zu gefährlichen Pannen führen: kurzzeitige Erwärmung im Herbst, wie sie an Föhntagen in den Alpen nicht selten ist, würde die Abhärtung wieder aufheben, ein nachfolgender Frost zu schweren Schäden führen. Daher erfolgt die eigentliche Steuerung der Abhärtung durch das Licht, und zwar die Tageslänge, die ja von der Temperatur unabhängig ist (SCHWARZ 1968, Abb. 85).

Die Buche ist wesentlich frostempfindlicher. Triebe einer Strauchbuche an der oberen Verbreitungsgrenze bei Innsbruck (1500 m) halten zwar im Hochwinter –30° C aus, im März/April aber nur noch –10° C; das kann bei Spätfrösten gefährlich werden; v.a. sind aber die frisch ausgetriebenen jungen Blätter durch Spätfröste gefährdet (TRANQUILLINI & PLANK 1989). Die Hitzeresistenz von über 40° C reicht ebenfalls nicht aus, um Nadeln oder Blätter vor tödlichen Überhitzungen zu bewahren. Gefahr droht am ehesten den Keimlingen, da sich schwarzer Rohhumusboden an der Waldgrenze auf über 70° C erwärmen kann.

8. **Reproduktion.** Damit ein subalpiner Wald sich an seiner oberen Grenze auf Dauer halten kann, muß auch das Reproduktions-System funktionieren: Samenbildung, -verbreitung und -keimung und der Aufwuchs der Sämlinge zum Baum. Ergiebigere Samenproduktion ist an der Waldgrenze etwa nur alle 5-10 Jahre bei Fichte und Zirbe, bei der Lärche noch seltener, zu erwarten. Obwohl dann sehr viele Samen erzeugt werden (bei Fichte 0,5-2,3 Mill./ha), sind nur knapp 5% davon keimfähig. Wenn man dann noch bedenkt, daß das Aufwachsen eines Keimlings zum jungen Baum viele Jahre dauert und in dieser Zeit viele Ereignisse eintreten können, die das Wachstum unterbrechen oder ganz beenden können, daß außerdem der jährliche Dicken- und Höhenzuwachs sehr gering ist, dann steht man staunend und nachdenklich vor einer vielhundertjährigen Wetterzirbe an der Waldgrenze.

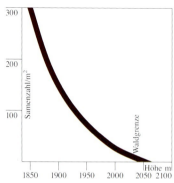

Abb. 87 Samenfall der Fichte *(Picea abies)* auf Schneeoberfläche abhängig von der Meereshöhe. Nach FISCHER et al. 1959.

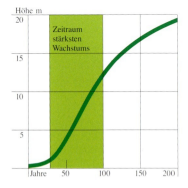

Abb. 88 Kurve des Höhenwachstums von Zirben von 0-200 Jahren. (Mittelwert nach verschiedenen Autoren). OSWALD 1963.

Abb. 89 Alte Wetterzirbe mit abgestorbenem Hauptstamm. Der lebende Ast wird aus aktiven Wurzelbereichen versorgt. Die wasser- und nährstoffleitenden Bahnen liegen im Bereich der lebenden Borkendecke.

Hohlräume zwischen Blöcken werden oft von Zwergsträuchern überspannt und sind daher bei Begehung gefährlich.

Durch abfallende Pflanzenteile entsteht auf den Blöcken eine Rohhumusschicht, in der sich Zirben-Sämlinge entwickeln können.

Buchenwald
Fagion

Abb. 90 Teilstück eines ausgedehnten südalpischen Buchenwaldes *(Dentario-Fagetum)* am Gardasee; im Hintergrund der Mte. Baldo-Zug.

Von Natur aus wäre die Buche die wichtigste Baumart Mitteleuropas; ohne Zutun des Menschen, der den Wald der tiefen Lagen in Äcker und Wiesen, in höheren Lagen teilweise in monotone Fichtenforste umgewandelt hat, würden Buchenwälder zwei Drittel der Fläche einnehmen. Verglichen mit den meisten Nadelholzarten der Alpen ist *Fagus sylvatica* empfindlicher und daher an die Umwelt anspruchsvoller, aber an sogen. „mittleren" Standorten allen anderen Konkurrenten überlegen. Sie braucht hohe Niederschläge und höhere Luftfeuchtigkeit, erträgt aber Staunässe im Boden ebensowenig wie längere Trockenheit oder strengen Frost. Ihre Klimaansprüche sind also „subozeanisch". Die Verbreitung der Buchenwälder in den Alpen hält sich daher ± streng an den feuchten Alpenrand, wo sie die montane Stufe von 600-1400 m beherrscht und an manchen Stellen sogar die Waldgrenze bildet. In den Nordalpen mengen sich mit zunehmender Entfernung vom Alpenrand gegen das Alpeninnere („Zwischenalpen") mehr und mehr Nadelbäume, vor allem die ökologisch „laubholzähnliche" Tanne, aber auch Fichte und sogar Rotföhre bei, bis sie — etwa im Inntal bei Innsbruck — nur mehr in einer schmalen, luftfeuchten „Hangnebelzone" der Südflanke zwischen tiefmontanem Föhrenwald und subalpinem Latschen-Fichtenwald ausklingt. Auch im Salzburgischen dringt sie vom Alpenrand durch das Salzachtal in die Alpen ein und erreicht mit — heute wohl als Relikte anzusehenden — Vorposten den Pinzgau. Anders liegen die Verhältnisse in den südlichen Kalkalpen: Hier herrscht nach MAYER 1969 (z.B. in den Venezianischen Alpen,

Abb. 91 Im Unterwuchs der Buchen finden sich zahlreiche, frühblühende „Geophyten" mit Rhizomen als Reservespeicher. Von links nach rechts: Schneerose *(Helleborus niger)*, Schnee-Hainsimse *(Luzula nivea)*, Buschwindröschen *(Anemone nemorosa)*, Lungenkraut *(Pulmonaria officinalis)*, Einbeere *(Paris quadrifolia)*, Leberblümchen *(Hepatica nobilis)*, Waldmeister *(Galium odoratum)*, Zahnwurz *(Cardamine pentaphyllos)*.

Abb. 92   Pfingstrose *(Paeonia officinalis)*, in Lichtungen des südalpischen Buchenwaldes.

Abb. 93   Die immergrüne Schneerose *(Helleborus niger)* ist ein submediterran-ozeanisches Florenelement.

Abb. 94   Leberblümchen *(Hepatica nobilis)* blühen sehr früh in der warmen Laubstreu.

aber wohl auch westlich der Etsch bis zum Comersee) eine ± strenge Trennung zwischen reinen Buchenwäldern am Alpenrand (800-1700 m) und weitgehend buchenfreien Tannen-Fichtenwäldern in den Zwischenalpen. Der größte Teil der Buchenhochwälder wurde seit Urzeiten stark genutzt (ähnlich wie manche Kastanienselven), so daß „Niederwälder" mit einer Umtriebszeit von 20-25 Jahren entstanden sind. Auf schwach sauren bis schwach basischen Böden mit guter Nährstoffversorgung (sehr aktives Bodenleben!) wächst die Buche über Kalk und Dolomit ebenso wie über silikatischen Gesteinen, im klimatischen Grenzbereich aber wohl lieber auf Kalk.

Obwohl Buchenwälder in den Alpen also nur an wenigen Stellen dem „obersten Bergwald" im Sinne dieses Buches zuzurechnen sind, wollen wir hier doch eine grobe Übersicht über die ganze Spannweite der Lebensgemeinschaften dieses wichtigen Baumes geben (in Anlehnung an ELLENBERG 1978 und MAYER 1984). Trotz der verwirrenden Vielzahl der beschriebenen Buchenwaldgesellschaften lassen sich einige klare ökologische Zusammenhänge erkennen. Wir können demnach das „*Fagion sylvaticae*" in mehrere Unterverbände gliedern. Diese allgemein für Europa gültige Einteilung ist für die Alpen abzuwandeln, weil — bedingt durch das rauhere Klima — fast immer die Tanne mit der Buche in Konkurrenz tritt. Dem wird auch durch die Änderung der Gesellschaftsbezeichnung in *Abieti-Fagetum* Rechnung getragen. Nach OZENDA 1979 ist die Übereinstimmung aber so groß, daß man auch von einer „Tannenfazies" des Buchenwaldes sprechen könnte. Einige der anspruchsvol-

Abb. 95 Berg-Flockenblume
(Centaurea montana).

Abb. 96 Alpenziest
(Stachys alpina).

Abb. 97 Fünfblättrige Zahnwurz
(Cardamine pentaphyllos).

Abb. 98 Buschwindröschen
(Anemone nemorosa).

Abb. 99 Rotes Waldvögelein
(Cephalanthera rubra).

Abb. 100 Einbeere
(Paris quadrifolia).

leren Buchenwaldgesellschaften sind in den Alpen nicht mehr vertreten.

1. Mull-Buchenwälder
Galio odorati-Fagion

1.1. Frische Kalk-Buchenwälder

Lathyro-Fagetum, Aposerido-F. auf skelettreichen Rendzina-Böden. Tiefmontan z.B. in den Ostalpen bis zum Salzkammergut.

1.2. Braunmull-Buchenwald

Galio odorati-Fagetum, Melico-Fagetum. Kalkuntergrund von Lehm überlagert, Wurzelraum daher saurer und feuchter als in der Rendzina.

Beide Untertypen der Mull-Buchenwälder sind floristisch durch anspruchsvolle „Laubwaldpflanzen" und frühlingsblühende Geophyten gekennzeichnet: *Arum maculatum, Anemone nemorosa, Allium ursinum, Asarum europaeum, Mercurialis perennis, Melica nutans, Lamiastrum galeobdolon, Prenanthes purpurea, Hedera helix, Ranunculus ficaria, Galium odoratum, Corydalis, Pulmonaria officinalis, Cardamine bulbifera, Milium effusum* und andere.

Wichtige Ausbildungen sind das *Helleboro-Fagetum* der Nordost-Alpen (bis 1400 m) mit *Helleborus niger, Cardamine trifolia, Cyclamen europaeum* und das besonders in den Südl. Kalkalpen häufige *Cardamino pentaphyllo-Fagetum* („*Dentario-Fagetum*"-Zahnwurz-B.) bis hochmontan mit *Cardamine pentaphyllos, C. enneaphyllos, C. bulbifera, Actaea spicata, Lamiastrum galeobdolon,* lokal *Lamium orvala, Hacquetia epipactis.*

Abb. 101   Blattaustrieb einer mächtigen, alten Buche am Ahornboden (Nördl. Kalkalpen, Karwendel).

An feucht-schattigen Steilhängen farnreiche Ausbildungen mit *Dryopteris filix-mas, Athyrium filix-femina, Polystichum aculeatum, Gymnocarpium dryopteris*. Die alpischen Mull-Buchenwälder mit Tanne entsprechen wohl dem *Adenostylo glabrae-Abieti-Fagetum*.

2. Trockenhang-Kalkbuchenwälder
Cephalanthero-Fagion = Carici albae-Fagion

Das *Carici albae-Fagetum* ohne bzw. das *Abieti-Fagetum caricetosum albae* mit Tanne, Fichte und Lärche ist in der montanen Stufe (bis 1200 m) auf Kalkschutt besonders in den NW-Alpen (Dauphiné, Savoyen), nach Osten seltener werdend bis zum Wienerwald verbreitet. Im Unterwuchs dieser „trocken-warmen" Buchenwälder spielen v.a. Seggen (*Carex alba, C. digitata, C. montana, C. flacca*) und Orchideen (*Cephalanthera damasonium, C. rubra, C. longifolia, Epipactis helleborine, Neottia nidus-avis*), *Aquilegia atrata, Melittis melissophyllum, Coronilla emerus, Amelanchier ovalis, Sorbus aria, Lonicera alpigena*, selten *Ilex* und *Taxus* eine Rolle.

Blaugras-Buchenwald
Seslerio-Fagetum

Über kompaktem Kalk- und Dolomitfels an trocken-warmen, flachgründigen Steilhängen mit *Sesleria varia, Polygonatum odoratum, Erica herbacea, Polygala chamaebuxus*.

Südalpen östl. Comersee, Südwestalpen.

3. Sauerhumus-Buchenwälder
Luzulo-Fagion

Gekennzeichnet durch das Zurücktreten anspruchsvoller Laubwaldarten; Säurezeiger! Am Alpenrand aus geologischen Gründen weithin fehlend. Vorkommen

Abb. 102 Mit zunehmender Meereshöhe werden die Buchen — bei fast gleichbleibendem Kronendurchmesser — immer niedriger. Durch extreme Verkürzung entstehen schließlich aus einem zentralen Holzkörper (s. S. 35) breite, nur noch 1–2 m hohe „Baumbüsche".

des *Abieti-Fagetum luzuletosum sylvaticae* in den steirischen Randalpen (Koralpe), Wienerwald, Montafon, NW-Alpen, Tessin, Piemont. Mit Tanne, Lärche, Föhre, *Veronica latifolia, Epilobium montanum, Sanicula europaea, Phyteuma spicatum, Prenanthes purpurea, Galium rotundifolium;* Moose. In den Südalpen (Tessin), Nord- und Südpiemont bis in die Ligur. Alpen der Schneehainsimsen-Bu-W. *Luzulo niveae-Fagetum* hochmontan bis subalpin. Auch Ausbildungen mit *Rhododendron ferrugineum* und *Calluna*.

4. Hochstauden-Bergahorn-Buchenwald

Aceri-Fagion der hochmontanen bis subalpinen Stufe (s.S.60). Besonders instruktiv ist die Höhenstufenfolge in den niederschlagsreichen französischen Nordalpen (Grande Chartreuse, BARTOLI 1962): Über einem Mull-Buchenwald, der bis 1000 m ansteigt, folgen bis 1300 m ein Buchen-Tannenwald mit *Luzula sylvatica*, bis 1500 m der subalpine Bergahorn-Buchenwald mit Fichte und Hochstauden, als letztes schließlich der subalpine Fichtenwald. Die Strauchbuchen-("Legbuchen"-)Vegetation der Lawinenzüge (Abb. 108) stellt eine besondere extrazonale Ausbildung buchendominierter Gebüsche dar, die sich besonders an der Grenze des Buchenwaldareals (z.B. an der Innsbrucker Nordkette) im Frühling durch helles Grün, im Spätherbst durch rostbraun verfärbtes Laub vom Dunkel des umgebenden Fichtenwaldes deutlich abhebt. Die ständig durch mechanische Beschädigung (von der Lawine mitgerissene Steine) und langdauernd hohe Schneelast zum „ewigen Strauchdasein" verurteilte Buche ist jedoch wegen ihrer

Abb. 103 Optimaler Standort eines subalpinen Hochstauden-Buchenwaldes *(Aceri-Fagetum)*. In der Krautschicht dominiert Alpendost *(Adenostyles alliariae)*.

Regenerationsfähigkeit und der Elastizität der Zweige hier ohne Konkurrenz. Nach der Schneeschmelze, die hier oft sehr verspätet eintritt und daher die Vegetationszeit erheblich verkürzt, richten sich die zu Boden gedrückten Äste wieder auf, abgebrochene Zweige werden durch Neuaustrieb ersetzt, so daß häufig dicht verwachsene, krummästige Büsche entstehen (Abb. 63).
SMETTAN (1981) beschrieb aus dem Wilden Kaiser ein subalpines Hochstauden-Legbuchen-Gebüsch *(Allium victorialis-Fagetum)*. Zwischen 1400 und 1500 m

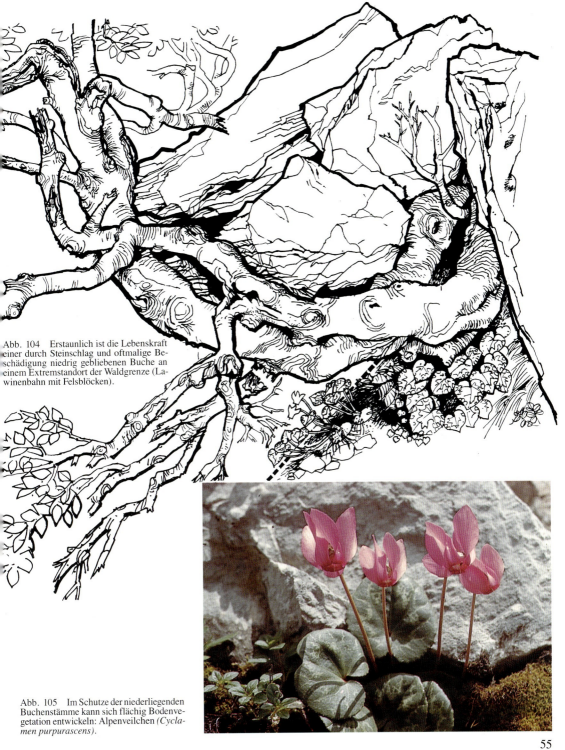

Abb. 104 Erstaunlich ist die Lebenskraft einer durch Steinschlag und oftmalige Beschädigung niedrig gebliebenen Buche an einem Extremstandort der Waldgrenze (Lawinenbahn mit Felsblöcken).

Abb. 105 Im Schutze der niederliegenden Buchenstämme kann sich flächig Bodenvegetation entwickeln: Alpenveilchen *(Cyclamen purpurascens)*.

Vielgestaltigkeit des Buchenwachstums

stockt dieser lockere, etwa 4 m hohe Buschwald mit seinen bogig gekrümmten Stämmchen an Steilhängen, die regelmäßig von Lawinen bestrichen werden, so daß hohe Bäume nicht aufkommen können. Es handelt sich also hier um eine Dauergesellschaft. Wegen der langen Schneebedeckung wird die Laubstreu nur unvollkommen abgebaut, so daß sich eine Rohhumusauflage bildet, in der auch Sauerbodenzeiger gedeihen können *(Vaccinium myrtillus, Homogyne alpina, Luzula sylvatica)*. Kennzeichnende Hochstauden sind: *Peucedanum ostruthium, Adenostyles alliariae, Heracleum sphondylium, Geranium sylvaticum, Hypochoeris maculata, Chaerophyllum villarsii, Crepis blattarioides, Valeriana montana, Aconitum vulparia, Polystichum lonchitis, Carex ferruginea, Rhododendron hirsutum.*

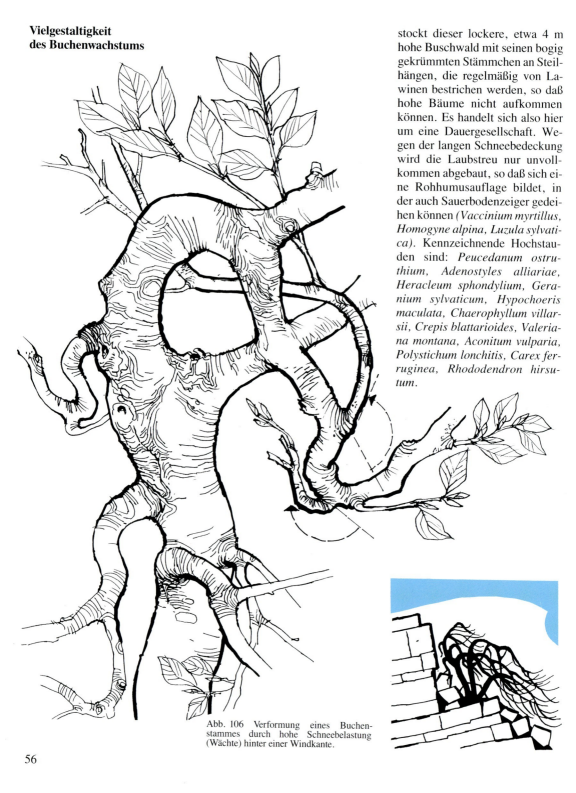

Abb. 106 Verformung eines Buchenstammes durch hohe Schneebelastung (Wächte) hinter einer Windkante.

Abb. 107 Ausgedehnte Strauchbestände säumen die Ränder extremer Lawinenbahnen (Nordkette bei Innsbruck). Die anpassungsfähige Buche vermag hier (neben Weiden und Grünerlen) als dominanter Strauch zu existieren.

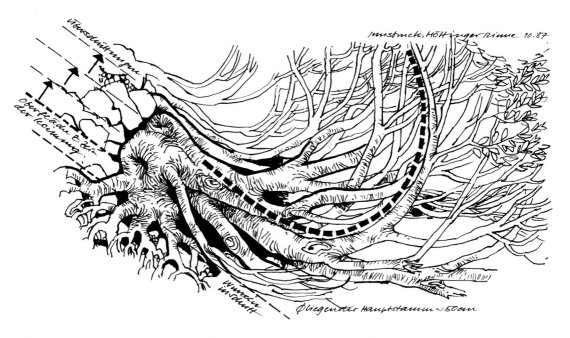

Abb. 108 Zweige und Stämme von Buchen werden am Rand von Lawinenrinnen durch die Schneelast zu Boden gedrückt. Nach dem Ausapern richten sich die Äste wieder auf und entwickeln dadurch den bezeichnenden Bogenwuchs.

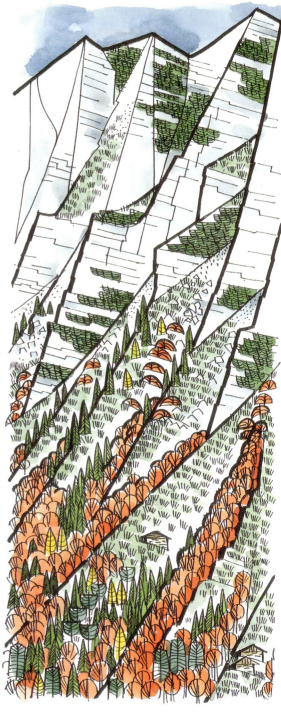

Abb. 109 Hochmontaner Buchenwald an einem Steilhang der nördl. Kalkvoralpen. Die herabgedrückte obere Grenze ist durch die Beweglichkeit der Schutthalden bedingt.

2400 m

Legföhren an Schutt- und Felsstandorten

Blaugrasrasen   2200 m

Legföhrengebüsch

2000 m

Kleinwüchsige Fichtengruppen
bilden die Baumgrenze

Höchststeigende Buchen in Buschform

1800 m

Buchenbuschwald und Einzelbüsche
auf überwachsenen Blockhalden

Weiderasen Blaugrasrasen *Sesleria varia*

1600 m

Buchenbuschwald besiedelt heute nur mehr
steile Schattseiten der Geländerippen, weil
die flacheren Bereiche gerodet wurden und
als Weiderasen genutzt werden.

1400 m

Zunehmend höherwüchsiger Buchen-
mischwald mit Fichte, Tanne und Föhre

Abb. 110
Höhenstufenschema eines Buchenwaldes
Westhang in den Südlichen Kalkalpen

Abb. 111   Der Goldregen *(Laburnum anagyroides)* ist eine besondere Zier der südalpischen Buchenwälder.

Subalpiner Bergahorn-Buchenwald

Aceri-Fagetum adenostyletosum

In schneereichen, aber wintermilden Schattlagen des Alpenrandes mit Schwerpunkt in den NW-Alpen (1300-1700 m), aber auch in den Ostalpen (Allgäu, Bayern, Berchtesgaden) und Südalpen vermag sich die Buche, wenn auch niedrigwüchsig und oftmals verkrüppelt, gegen die Konkurrenz der Nadelbäume durchzusetzen und die Waldgrenze zu behaupten. Die lange Schneelage bei nicht extremer Kälte scheint das Wachstum sogen. „Schneepilze" zu fördern, so daß die Jungpflanzen der Fichte zugrunde gehen. Die hohe Feuchtigkeit des Standorts zeigt sich auch im reichen Bewuchs der Bäume mit Flechten. Schneedruck und Schneeschub führen zu Bogenwuchs der Stämme, Astbrüchen und durch Regeneration erzeugten Verwachsungen (Abb. 104). Die Verjüngung erfolgt fast ausschließlich vegetativ durch Stockausschläge (Abb. 59). An den relativ günstigsten Standorten wachsen eigenartige niedrige Baumformen mit gut ausgeformter Krone, aber stark verkürztem Stamm (Abb. 63). Die Zuwachsleistung ist also — gemessen an der rel. niedrigen Meereshöhe — gering trotz nährstoffreicher Böden. Auf den meist sickerfeuchten Kalkschuttböden entwickelt sich, vor allem in Bestandeslücken und wenig oberhalb der Waldgrenze, eine artenreiche, üppige Hochstaudenflur.

Abb. 112 Bergahorn-Bestände mit Hochstaudenunterwuchs stehen gern an wasserzügigen Kalkschutthängen.

Abb. 113 Blühender Bergahorn
(Acer pseudoplatanus).

Abb. 114 Nesselkönig
(Lamium orvala), v.a. südalpisch.

Abb. 115 Waldmeister
(Galium odoratum).

Pflanzengesellschaft

Charakterarten: *Rosa pendulina, Sorbus aucuparia, Lonicera alpigena, L. nigra, Salix appendiculata, Rubus idaeus, Ribes alpinum, Adenostyles glabra, A. alliariae, Petasites albus, Veratrum album, Thalictrum aquilegifolium, Cicerbita alpina, Rumex arifolius, R. alpestris, Ranunculus lanuginosus, R. aconitifolius, Streptopus amplexifolius, Geranium sylvaticum, Senecio fuchsii, Knautia sylvatica, Anthriscus sylvestris, Aruncus dioicus, Stellaria nemorum, Saxifraga rotundifolia.* In den **Südalpen** zählen Goldregen *(Laburnum alpinum, L. anagyroides)* und Pfingstrose *(Paeonia officinalis)* zu den Kostbarkeiten der durch Beweidung aufgelichteten obersten Buchenstufe (Mte. Baldo).

Abb. 116 Neunblättrige Zahnwurz
(Cardamine enneaphyllos).

Abb. 117 Lungenkraut
(Pulmonaria officinalis).

Abb. 118 Alpen-Geißblatt
(Lonicera alpigena).

Abb. 119 Bärlauch
(Allium ursinum).

Subalpiner Alpenrosen-Tannenwald

Rhododendro-Abietetum

Während Zirbe, Lärche und Fichte bis weit in den Osten und Norden Asiens verbreitet sind, ist die Tanne ein europäischer Baum. Ökologisch nimmt sie eine Sonderstellung ein: Sie ist ähnlich frost- und dürreempfindlich wie die Buche und bildet häufig mit dieser Mischwälder, die aufgrund ihrer Artengarnitur den Buchengesellschaften *(Fagion)* zugerechnet werden. In den Alpen liegt der Verbreitungsschwerpunkt der Tanne im Bereich der montanen Fichten-Tannen-Nadelwälder (600-1400 m) der subkontinentalen Zwischenalpen, wobei die Tanne die tieferen, die Fichte die höheren Lagen einnimmt. Der Buchenanteil wird vom Alpenrand nach innen allmählich durch die Fichte ersetzt. Reine Tannenwälder können sich nur dort entwickeln, wo die Buche wegen Nässe, Trockenheit oder starken Frösten ausfällt. Tannenverjüngung setzt allerdings geringe Wilddichten voraus. In den Südwestalpen wird die Fichte selten, sodaß die Tanne allein oder mit Lärche und sogar Zirbe oder Spirke die subalpine Stufe einnehmen und bei 1900-2000 m die Waldgrenze bilden kann. Wir wollen hier das echte subalpine *Rhododendro-Abietetum* näher behandeln, das aus den Tälern der italienischen Südwestalpen (Mercantour: Valle Stura, V. Gesso, V. Pesio westl. von Cuneo) beschrieben wurde (BARBERO & BONO, 1970).

Abb. 120   Waldgrenz-Tanne und Vogelbeeren *(Sorbus aucuparia)* im Legföhrengebüsch. Hintergrund: flache Rücken mit ausgedehnten Weiderasen; Steilhänge mit Legföhrenbeständen, in denen Fichte, Lärche, Tanne und Vogelbeere hochkommen.

Abb. 121 Junge Tanne im Austrieb; Wipfel durch Wild verbissen.

Das **Rhododendro-Abietetum** besiedelt sehr steile, schrofige Nordhänge und stabilisiert Schuttkegel, in denen Kaltluft abfließt. Der Boden ist eine ca. 70 cm mächtige Moder-Braunerde über Granitgneis; die Niederschläge sind hoch (bis über 1500 mm). Die Tannenstämme werden 25 (selten 35 m) hoch und bis 80 cm stark. In der charakteristischen Artenkombination sind Nadelwaldzeiger, Laubwaldbegleiter und Hochstauden etwa gleich stark vertreten.

Pflanzengesellschaft

Kennarten sind *Rhododendron ferrugineum, Festuca flavescens, Luzula sieberi, Lonicera coerulea, Homogyne alpina, Huperzia selago, Vaccinium gaultherioides*
Nadelwaldarten: *Vaccinium myrtillus, Hieracium sylvaticum, Veronica latifolia, Melampyrum sylvaticum, Lonicera nigra, L.alpigena, Blechnum spicant, Pyrola rotundifolia, Saxifraga cuneifolia, Picea, Larix*.
Laubwaldarten: *Prenanthes, Maianthemum, Hepatica, Luzula nivea, Calamintha grandiflora, Geranium nodosum, Acer pseudoplatanus, Cytisus alpinus*.

Hochstauden: *Ranunculus aconitifolius, Cicerbita alpina, Geranium sylvaticum, Aconitum lycoctonum, Achillea macrophylla, Veratrum album, Rumex arifolius, Cephalanthera alpina, Cirsium montanum* u.a.
Ähnliche Tannenwälder finden sich in der Val Sesia und im Anzotal südl. des Mte. Rosa.
Auch andere Tannenwaldtypen steigen gelegentlich bis in die subalpine Stufe:
1. Silikat-Hainsimsen-Fichten-Tannenwald (*Luzulo-Abietetum*)
2. Sauerklee-Fichten-Tannenwald (*Oxali-Abietetum*)
3. Kalk-Alpendost-Tannenwald (*Adenostylo glabrae-Abietetum*)

Tiefsubalpine Fichtenwälder
Homogyne-Piceetum

Abb. 122 Ausgedehnte, tiefsubalpine Fichtenwälder an den Nordhängen im Engadin. Almrodung im Waldbereich. Reiner Zirbenwald an der Waldgrenze ist durch rundere Kronenformen erkennbar.

In den Randalpen ist oberhalb der montanen Buchen-Tannenstufe meist noch eine hochmontane Fichtenstufe ausgebildet, die in den subalpinen Bereich der Legföhren vordringt. In den inneren Tälern der Ostalpen, wo die Buche weitgehend fehlt, nimmt die Fichte ziemlich unabhängig vom Gesteinsuntergrund, aber auch gefördert durch die Forstwirtschaft, den weitaus größten Raum in den montanen Wäldern ein. Die Höhenstufenfolge ist dann auf Schatthängen sehr einfach: Montaner Fichtenwald, tiefsubalpiner Fichtenwald mit Lärche, an der Obergrenze zunehmende Beimischung von Zirbe, die schließlich mit Lärche oder allein die hochsubalpine Waldstufe bildet. Der Übergang von der montanen in die subalpine Stufe ist dabei eher fließend: allgemeine Verarmung des Unterwuchses, Auftreten einiger weniger Charakterarten, als wichtigstes Kennzeichen aber die Baumform.

An die Stelle der breitkronigen Fichten der Montanstufe treten nun schmalkronige, oft wie Säulenzypressen wirkende „Spitzfichten", die meist bis zum Boden beastet sind, wobei die kurzen Zweige nicht waagrecht abstehen, sondern weich herabhängen. Je weiter wir in den niederschlagsreichen Westen kommen (Arlberggebiet), desto ausgeprägter die Schlankheit. Hier hat sich offenbar durch Auslese eine Anpassung der Lebensform an die hohe winterliche Schneelast vollzogen. Meist bildet die Fichte allein oder mit Legföhren die Waldgrenze. Daß sie in den kontinentalen Innenalpen nicht so hoch wie Lärche und Zirbe steigt und überhaupt weniger vital ist, hat zwei Ursachen: Zum ersten ist die Fichte weniger dürreresistent (Frosttrocknis!) als ihre beiden Konkurrenten, zum anderen wird sie überall dort, wo die Rostalpenrose in größeren Beständen vorkommt, durch den Goldrost, einen wirtswechselnden Pilz schwer geschädigt. Dieser entwickelt seine Sporenlager in den Fichtennadeln, wo sie als gelbe Pusteln aufbrechen und die Assimilationsleistung und den Stoffgewinn des Baumes beeinträchtigen (Abb. 132). In der „Kampfzone" des Waldes, in jenen ökologisch günstigen Nischen, wo sich noch kleine, meist max. 4-5 m hohe und von Stürmen und Frosttrocknis gezauste Fichten halten können, ist das Phänomen der Gruppenbildung besonders schön zu beobachten. Die Fichte kann durch Bewurzelung niederliegender Äste aus einem Sämling schließlich ein ganzes „Wäld-

Abb. 123 Schmalkronige Formen kennzeichnen den subalpinen Fichtenwald. Im Hintergrund noch höhersteigende Lärchen zwischen Legföhren.

chen" auf rein vegetative Weise erzeugen, wodurch die inneren Stämmchen und Äste besser geschützt sind (Abb. 69, 70).
In völlig naturbelassenen Fichtenwäldern (Scatlé bei Brigels, Graubünden) hat man das Höchstalter der Fichten mit etwa 650 Jahren ermittelt. Eine Beurteilung des „Natürlichkeitsgrades" vieler – auch subalpiner – Fichtenwälder ist schwierig, weil durch menschliche Eingriffe starke Veränderungen in der Baumartenzusammensetzung zustande kommen können. In Kalk- und Dolomitbergen mit ihrer starken Dynamik durch das natürliche Erosions- und Erneuerungsgeschehen ist wohl auch an Entwicklungsstadien zum Klimaxwald zu denken.

Pflanzengesellschaften

Charakterarten: *Listera cordata, Moneses uniflora, Lycopodium annotinum, Luzula luzulina, Lonicera nigra, Ptilium crista-castrensis.* Hochstete: *Melampyrum sylvaticum, Calamagrostis villosa, Linnaea borealis, Peltigera aphthosa, Vaccinium myrtillus, V. vitis-idaea, Hieracium sylvaticum, Homogyne alpina, Orthilia secunda, Oxalis acetosella, Gymnocarpium dryopteris, Sorbus aucuparia, Avenella flexuosa.* Moose: *Hylocomium splendens, Rhytidiadelphus triquetrus, Pleurozium schreberi, Dicranum scoparium.*

1. Silikat-Fichtenwälder

1.1. Heidelbeer-Fichtenwälder
Homogyne-Piceetum myrtilletosum entspricht dem *Sphagno-Piceetum calamagrostidetosum,* einer feuchten Ausbildung der Schweizer Alpen. Schmalkronige „Spitzfichten" (bis 30 m h) mit Zirbe an der Waldgrenze. Gruppenbildung typisch. Hohe Heidelbeerdecke. Verbreitung vom Al-

penostrand bis Savoyen, in den französischen Südalpen als Relikt in Arealsplittern mit *Festuca flavescens*.

1.2. Hainsimsen-Lärchen-Fichtenwald
Homogyne-Piceetum luzuletosum sylvaticae. In den östl. Ostalpen auf Glimmerschiefer über Moder-Braunerden.
Luzula sieberi, Oxalis, Dryopteris dilatata, Lonicera nigra, Prenanthes, Moose!

1.3. Preiselbeer-Lärchen-Fichtenwald
Larici-Piceetum
In Schattlagen der inneralpinen Trockengebiete mit Lärche, Zirbe, *Pinus engadinensis, Vaccinium vitis-idaea, V. myrtillus*, Moose. In den Weltalpen: Mit *Arctostaphylos uva-ursi* (Sonnlagen des Aostatales).

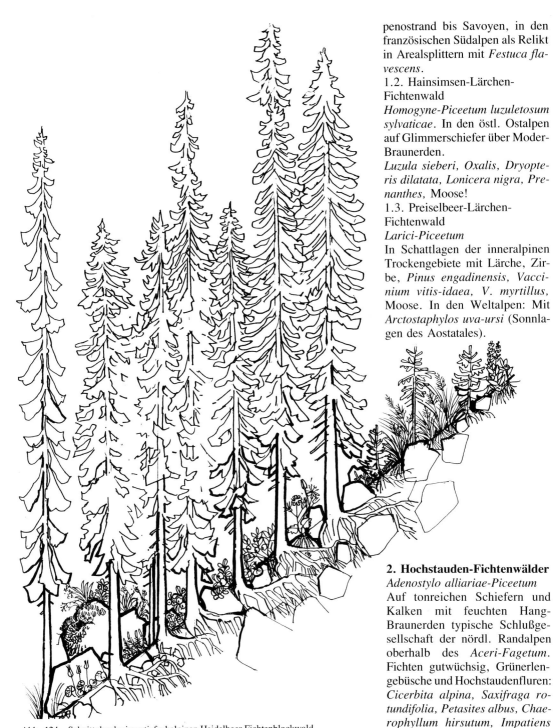

Abb. 124 Schnitt durch einen tiefsubalpinen Heidelbeer-Fichtenblockwald *(Homogyne-Piceetum myrtilletosum)*.

2. Hochstauden-Fichtenwälder
Adenostylo alliariae-Piceetum
Auf tonreichen Schiefern und Kalken mit feuchten Hang-Braunerden typische Schlußgesellschaft der nördl. Randalpen oberhalb des *Aceri-Fagetum*. Fichten gutwüchsig, Grünerlengebüsche und Hochstaudenfluren: *Cicerbita alpina, Saxifraga rotundifolia, Petasites albus, Chaerophyllum hirsutum, Impatiens noli-tangere, Athyrium filix-femi-*

Abb. 125 Übergangsbereich des tiefsubalpinen Fichtenwaldes (unten am Wasser) in den hochsubalpinen Zirbenwald (rechter oberer Bildrand) in den silikatischen Innenalpen. Die unterschiedlichen Kronenformen sind hier deutlich sichtbar.

na, *Gymnocarpium dryopteris.*
Ostalpisch: *Aposeris foetida, Doronicum austriacum.* Westalpisch: *Achillea macrophylla, Aconitum paniculatum.* In den niederschlagsreichen Schweizer Randalpen dominieren Hochstaudenfluren mit aufgelichteten Fichtenbeständen. Sehr farnreiche Ausbildungen mit *Athyrium filix-femina, Dryopteris filix-mas, D. dilatata, Thelypteris phegopteris, T. limbosperma, Polystichum lonchitis, P. lobatum* (SUTTER 1982).

3. Kalkschutt-Fichtenwälder
Adenostylo glabrae-Piceetum
Auf Hangschutt mit mäßig frischen Moder-Rendzinen. Arten des bodensauren Fichtenwaldes fehlen. *Rubus saxatilis, Valeriana tripteris, V. montana, Veronica latifolia, Clematis alpina, Sesleria varia, Adenostyles glabra, Senecio abrotanifolius, Moneses uniflora, Luzula luzulina.* In den Julischen Alpen: *Anemone trifolia, Helleborus niger, Homogyne sylvestris, Saxifraga cuneifolia.*

Abb. 126 Vergleich der Kronenformen montaner und subalpiner Fichten.

Abb. 127 Hochstauden-Fichtenwald *(Adenostylo alliariae-Picetum).*

Abb. 128 Verschiedene subalpine Fichtenwaldtypen (nach MAYER 1984).

Heidelbeer-Fichtenwald mit Tanne und Lärche: (Tinée 1900 m, franz. S-Alpen)

Wald-Hainsimsen-Fichtenurwald (bei Tamsweg 1650 m)

Reitgras-Fichtenwald (Alpendostrand: Schneeberg 1540 m)

Abb. 129 Eine der bezeichnenden Kennarten des subalpinen Fichtenwaldes ist das Herzzweiblatt *(Listera cordata, Orch.)*

Abb. 130 Typische Verteilung von Legföhren als Pionierstrauch und nachfolgende Fichtenbestockung an der Waldgrenze.

Abb. 131 Mosaik aus Baumgruppen, Legföhren und alpinem Rasen an der Fichtenwaldgrenze (Nördl. Kalkalpen).

Abb. 132 Die Fichte ist zweite Wirtspflanze des Goldschleimes (*Chrysomyxa rhododendri*, S. 112). Auf Nadeln an Zweigenden brechen seine Lager als „Goldrost" hervor. Die Fichte wird im Wachstum dadurch geschwächt.

Rauschbeerenstrauch mit hochstehender Island-Flechte (Cetraria islandica).

Borstgrashorste (Nardus stricta) wachsen bis dicht an die Krone der Fichte.

Vor dem Stamm liegt Besenheide (Calluna vulgaris) vertrocknet und enggepreßt.

Am Fichtenstamm wachsen Becherflechten (Cladonia chlorophaea) über dem feuchten Streu.

Abb. 133 Jahrzehntealte buschige Zwergfichte in der sauren Zwergstrauchheide (2200 m).

Nach unten zunehmende Dichte der Streuschicht und Übergang zum Humus.

Abb. 134 Fichte und Zirbe im subalpinen Nadelmischwald. Mit zunehmender Meereshöhe wird die Fichte immer mehr durch die Zirbe ersetzt. Im obersten Bereich des Bildes ist der Beginn des reinen Zirbenwaldes an der Kronenform und der blaugrünen Färbung gut erkennbar.

Hochsubalpiner Lärchen-Zirbenwald
Larici-Pinetum cembrae

Die höchste Waldstufe der kontinentalen, niederschagsarmen und strahlungsreichen Innenalpen wird von Zirbe und Lärche eingenommen. Daß die Zirbe als „Silikatbaum" gilt, hängt nur mit dem zufälligen Zusammenfallen von Gesteinsuntergrund und Klimacharakter zusammen. Weder in Bezug auf das Ausgangsgestein (Kalk/Silikat) noch auf die Niederschlagshöhe sind Lärche und Zirbe besonders wählerisch. Beide Bäume sind aber an das extremere Klima ihrer Höhenstufe besser angepaßt als ihre Konkurrenten Fichte, Föhre und Tanne.

In einigen Teilen der niederschlagsreicheren Zwischen- und Randalpen kommt die Zirbe freilich ebenfalls meist kleinflächig vor (z.B. Wetterstein, Karwendel, Dolomiten, vorwiegend auf Raiblerschichten), teilweise in nicht alltäglichen Kombinationen mit Legföhre oder — sehr selten — sogar mit Buche (HEISELMAYER 1977). Das gegenwärtige Verbreitungsbild der Zirbenwälder ist — bedingt durch jahrhundertelange Holzentnahme und Weiderodung (s. auch S. 13) lückig. Es konzentriert sich auf die Bereiche der größten Massenerhebung von den Hohen Tauern über Tirol bis Piemont mit östlichsten Vorposten am Zirbitzkogel (Steiermark) und südwestlichsten in den Seealpen. In weiten Teilen der SW-Alpen wird die Rolle der Zirbe im wesentlichen von der aufrechten Bergföhre *(Pinus uncinata)* und der Lärche übernommen.

Die Mengenanteile Lärche : Zirbe hängen wesentlich vom Alter des Waldes und vom Grad des menschlichen Einflusses ab. Naturnahe, urwaldähnliche Bestände an der Waldgrenze bestehen fast nur aus Zirbe.

Abb. 135 Nordhang-Alpenrosen-Lärchen-Zirbenwald *(Larici-Pinetum cembrae rhododendretosum).*

Abb. 136 Südhang-Reitgras-Zirbenwald *(Calamagrostido-Pinetum cembrae)* mit schlanken Fichtenformen.

An nicht zu steilen Schatthängen mit ausgeglichenem Relief werden sie über 20 m hoch und durch dichten Kronenschluß so schattend, daß die für den üblichen Lärchen-Zirbenwald so bezeichnende, lichtbedürftige Alpenrose (*Rhododendron ferrugineum*) durch die schattenertragende Heidelbeere ersetzt ist.

Pflanzengesellschaften

Heidelbeer-Zirbenwald
Larici-Pinetum cembrae myrtilletosum
Charakteristische Arten: *Homogyne alpina, Oxalis acetosella, Avenella flexuosa, Luzula luzulina, Vaccinium vitis-idaea, V. gaultherioides, Linnaea borealis, Listera cordata.* Moose: *Pleurozium schreberi, Hylocomium splendens, Dicranum scoparium, Rhytidiadelphus triquetrus.*
Durch die schwer zersetzbare Nadelstreu bildet sich auf den Eisen-Podsolböden eine stark saure Rohhumus-Auflage.

Abb. 138 Eine Jungzirbe hat im Rohhumus unter Nadelstreu und Moos gekeimt. Ihr ausgebreitetes Wurzelsystem ist stark verpilzt und bildet Knollen-Mykorrhizen.

Abb. 137 Zirbenwurzel mit Gabel-Mykorrhiza. (s. S. 38)

Feinwurzel mit aufsitzenden, gabelig verzweigten „Pilzwurzeln" (Mykorrhizen).

Abb. 139 Reiner Alpenrosen-Zirbenwald *(Pinetum cembrae rhododendretosum)*, im Vordergrund hellgrüne Heidelbeeren *(Vaccinium myrtillus)*, Ötztaler Alpen.

Abb. 140 Optimaler Lärchen-Zirbenwald mit Fichten in den Dolomiten.

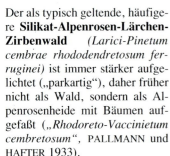

Der als typisch geltende, häufigere **Silikat-Alpenrosen-Lärchen-Zirbenwald** *(Larici-Pinetum cembrae rhododendretosum ferruginei)* ist immer stärker aufgelichtet („parkartig"), daher früher nicht als Wald, sondern als Alpenrosenheide mit Bäumen aufgefaßt *(„Rhodoreto-Vaccinietum cembretosum",* PALLMANN und HAFTER 1933).

Durch menschlichen Einfluß ist die Obergrenze dieses Waldtyps um ca. 200 m herabgedrückt worden (FRIEDEL 1967); Waldwuchs sollte also bis nahe der Obergrenze der heute waldfreien „Alpenrosenstufe" möglich sein!

Zur Entstehung und Dynamik
Die vom Wind verbreiteten Samen der Lärche können nur auf Rohböden Fuß fassen. Die schweren Zirbelnüsse hingegen werden vom Tannenhäher gefressen, aber auch verbreitet. Denn von seinen „Vorratsverstecken" in der Zwergstrauchheide findet er nur einen Teil wieder. Daher gilt die Zirbe seit je als „Rohhumuskeimer", obwohl ihre Samen genauso gut auf Schutt (Moränen) keimen, wenn sie zufällig dorthin vertragen werden (z.B. „Block-Zirbenwald, Abb. 141).

Mit seinem starken Schnabel öffnet der Tannenhäher die harten Zapfen und füllt sich den Kropf mit Zirbelnüssen. Vom Futterbaum fliegt er bevorzugt hangaufwärts zu markanten Geländepunkten. Daher können alle nicht gepflanzten Zirben außerhalb der Kronenbereiche und oberhalb der Waldgrenze nur vom Tannenhäher „gesät" sein (z.B. Abb. 208).

Abb. 141　Extreme Zirbenbestände auf Silikat-Grobblockhalde mit dürftiger Begleitvegetation (einzelne Alpenrosenbüsche).

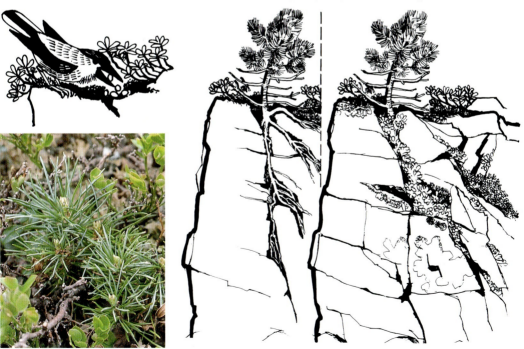

Abb. 142　Gruppe von Zirbensämlingen (Tannenhäher oder Zapfenaustrieb).

Abb. 143　Jungzirbe in humusgefüllter Spalte (Gneisblock).

Im Verlauf des gemeinsamen Aufwachsens zum **„Schlußwald"** (mehrere hundert Jahre!) wird die lichtbedürftige Lärche von der längerlebigen Zirbe mehr und mehr durch Beschattung unterdrückt. Gegenwärtig ist der überhöhte Wildbestand eine ernste Gefahr für den Nachwuchs an Jungbäumen.

Besonders eindrucksvoll sind die ehrwürdigen Gestalten uralter (bis über 1000 Jahre!), von Stürmen und Blitzschlägen verwundeter „Wetterzirben" als Zeugen des einst höher reichenden Waldes, aber auch als Sinnbilder zähen Lebens unter härtesten Bedingungen.

Je nach Höhenlage, Exposition und Gesteinsuntergrund lassen sich zahlreiche Abwandlungen des Lärchen-Zirbenwalds unterscheiden (MAYER 1984): auf trocken-warmen Steilhängen vor allem grasreiche Typen mit Weißer Hainsimse *(Luzula albida)* oder Wolligem Reitgras: *Larici-Pinetum cembrae calamagrostidetosum villosae* (Abb. 136).

Abb. 144 Entwicklungsgang im Blockzirbenwald: Aus den zu Boden gefallenen Samen keimt im Rohhumus an der Stammbasis der neue Baum.
Zwischen den langen Wurzelhälsen sammelt sich oft guter Keimboden an.

Abb. 145 Blockzirbenwald im Silikat.

Abb. 146 Blockzirbenwald mit Legföhren im Dolomit.

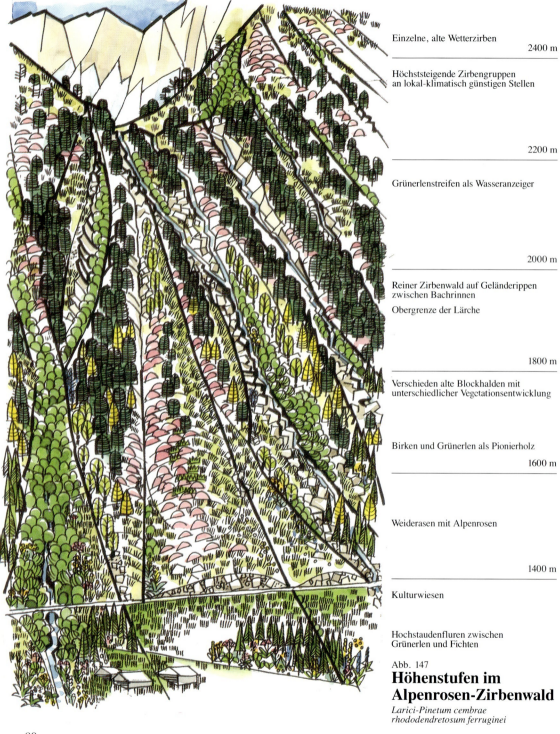

Abb. 147
Höhenstufen im Alpenrosen-Zirbenwald
Larici-Pinetum cembrae rhododendretosum ferruginei

Im hochkontinentalen inneren Ötztal zeigen manche Südhang-Zirbenwälder bereits Anklänge an die Verhältnisse in den trockensten Westalpentälern: Zwergstrauchunterwuchs dieser offenen Bestände mit *Arctostaphylos uva-ursi, Calluna* und *Juniperus alpina* mit wärmebedürftigen Gräsern wie *Koeleria hirsuta*. Bei Sölden steigt die schlankkronige Engadiner Föhre *(P. sylvestris var. engadinensis)* mit der Zirbe bis zur Waldgrenze.

Auf Blockhalden mit Legföhren wächst der **Latschen-Zirbenwald** *(L.-Pinetum cembrae mugetosum)* oder ein armer **Flechten-Zirbenwald** *(L.-Pinetum cembrae cladonietosum)*, an Moorrändern ein **Torfmoos-Zirbenwald** *(L.-Pinetum cembrae sphagnetosum)*.

An schneereichen, wasserzügigen Schatthängen steht auf tiefgründigen Böden der **Grünerlen-Zirbenwald** *(Larici-Pinetum alnetosum viridis)* mit sehr vielen Weidenarten und Hochstauden. (SCHIECHTL u. STERN 1975).

In den reliefbedingt meist offeneren Kalk-Lärchen-Zirbenwäldern der Rand- und Zwischenalpen ist die Lärche gegenüber der Zirbe im Vorteil, Zwergsträucher und Rasenpflanzen der Kalkalpen bilden den Unterwuchs: *Rhododendron hirsutum, Rhodothamnus chamaecistus* (ostalpisch), *Sorbus chamaemespilus, Sesleria varia, Valeriana tripteris*, bei Humusansammlung und Versauerung auch *Rhododendron ferrugineum*, Hochstauden und Farne. Die für Hochwald zu ungünstigen Standorte sind meist von Legföhren-Buschwäldern bestockt.

Abb. 148 Alpenrosen-Zirbenwald mit Grünerlen *(Larici-Pinetum cembrae alnetosum viridis)*. Zusammen mit den hellen Beerenheidesträuchern ergibt sich ein lebendiges Farbspiel von verschiedenem Grün.

Im Kronentraufbereich werden die harten Zirbennadeln relativ schnell zu Rohhumus. Zwergstrauchwurzeln und Wurzelpilze sind in dieser Zone besonders aktiv.

Abb. 149   Zirbe mit weit ausladender Wurzelverzweigung über Blockhalde.
Nahe am Stamm füllen dezimeterhohe Lagen von trockenharter Nadelstreu die Zwischenräume im Blockwerk.
An diesen Stellen gibt es fast keinen Unterwuchs.
Dagegen beginnt im Bereich der Kronentraufe die Zwergstrauchvegetation mit regem Bodenleben.
Hier können fallende Zapfen gut keimen (s. Abb. 144).

Abb. 150   Weibliche Blütenzäpfchen.

Abb. 151   Reife Zirbenzapfen am Baum.

Abb. 152 Gruppe junger Zirben; bodennaher Bereich durch Schneepilze geschädigt.

Abb. 156 Jungzirbe auf Grobblock (siehe Abb. 143).

Abb. 153 Gebleichter Zirbenstrunk.

Abb. 157 Alte Zirbe in den Dolomiten.

Abb. 154 Im Zapfen keimende Samen.

Abb. 155 Zirbensämling in der Alpenrosenheide.

Abb. 158 Mehrhundertjährige Einzelzirbe.

Abb. 159 Rostblättrige Alpenrose *(Rhododendron ferrugineum)*.

Abb. 160 Nordisches Moosglöckchen *(Linnaea borealis)*.

Abb. 161 Alpenrebe *(Clematis alpina)*.

Abb. 162 Blaue Heckenkirsche *(Lonicera coerulea)*.

Abb. 163 Punktierter Enzian *(Gentiana punctata)*.

Abb. 164 Wald-Storchschnabel *(Geranium sylvaticum)*.

Abb. 165 **Bezeichnende Waldmoose**
Stockwerkmoos *(Hylocomium splendens)*
Roststengelmoos *(Pleurozium schreberi)*
Runzelbruder *(Rhytidiadelphus triquetrus)*
Besenmoos *(Dicranum scoparium)*

Abb. 166 Prachtbild einer Zirbe im Legföhren-Zirbenwald auf Dolomit-Blockhalde. Die tief ansetzenden, bogig aufsteigenden Verzweigungen lassen bei Zirben oft solche breitkronigen Formen entstehen.

Lärchenwald
Laricetum

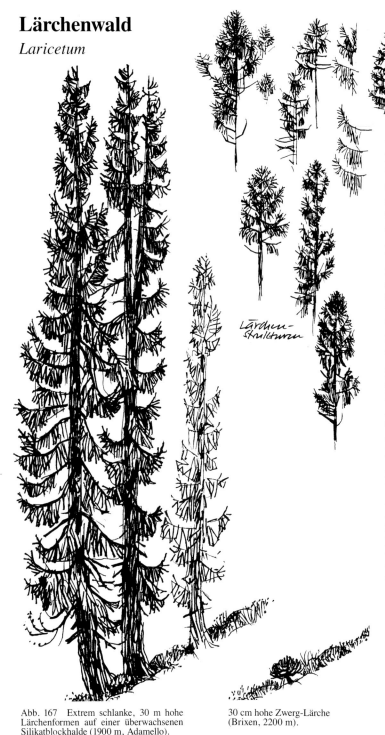

Die lichten Lärchen-„Wälder" der Innenalpen sind in Wirklichkeit vom Menschen geschaffene Lärchenwiesen, die durch das Entfernen der Fichte entstanden sind und durch Holz- und Grasertrag doppelten Nutzen bringen. Nach Auflassen der Bewirtschaftung verwandeln sie sich wieder in montane Fichten-Lärchenwälder zurück.

Gleichwohl gibt es natürliche Wälder — meist außerhalb des Verbreitungsgebietes der Zirbe, besonders in den Süd- und Südwestalpen, weniger in den Nordalpen, in denen die Lärche allein herrscht (Karten, Abb. 31, 33, 35). Nach dem Gesteinsuntergrund unterscheidet MAYER 1984 einen Kalk- und einen Silikat-Lärchenwaldtyp: Auf schattseitigen Karbonatfelsstürzen und an felsigen Steilhängen geht die Entwicklung zum Wald offenbar so langsam vor sich, daß sie noch nicht über das Lärchen-Pionierstadium hinausgekommen ist.

Dieser meist schlechtwüchsige **Block-Lärchenwald** (10 m hoch) *Asplenio viridis-Laricetum* stellt eine Dauergesellschaft dar, die sich theoretisch in einen subalpinen Fichtenwald wandeln könnte. Legföhren, Grünerlen, Vogelbeere und Birke sind neben *Rhododendron hirsutum* und einigen Hochstauden am Unterwuchs beteiligt.

In noch extremeren Felswänden treten Spaltenpflanzen wie *Potentilla caulescens, Primula auricula, Saxifraga paniculata, Ata-*

Abb. 167 Extrem schlanke, 30 m hohe Lärchenformen auf einer überwachsenen Silikatblockhalde (1900 m, Adamello).

30 cm hohe Zwerg-Lärche (Brixen, 2200 m).

Abb. 168 Aufgelichteter, durch Herausschlagen der Fichte entstandener Lärchen- „Wald". Nach Aufhören der Almnutzung wird der Weiderasen durch Zwergstrauchheiden ersetzt, die früher vorhandene Fichte wandert wieder ein.

Abb. 169   In den Engadiner Dolomiten reichen Fichten-Lärchen-Zungen weit in die Legföhren-„Zwergwälder" hinauf.

mantha cretensis und Rhodothamnus zu den wohl extremsten Wäldern der Alpen zusammen: **Fels-Lärchenwald** Rhodothamno-Laricetum (Abb. 173).
Unter völlig anderen Standortsbedingungen wachsen die Lärchenbestände über Silikat, nämlich an sonnseitigen, felsigen und trockenen Steilhängen. Die Spaliere des giftigen Sefenstrauchs (Juniperus sabina) sind mit Trockenrasen (Phleum phleoides, Artemisia campestris, Sempervivum arachnoideum) durchsetzt und bilden — etwa in Osttirol — den Unterwuchs eines locker bestockten, beweideten Junipero sabinae-Laricetum's. Komplizierter ist die Situation in den Südwestalpen: Weil die Zirbe auf weiten Strekken fehlt, übernehmen entweder die Bergföhre (Pinus uncinata), die Lärche oder beide ihre Rolle. Im Haute-Tineé (LACOSTE 1977) beherrscht die Lärche allein die subalpine Stufe von 1700 bis 2300 m, während etwa im Belledonne-Massiv, wo die Lärche fehlt, Zwergwacholder-Bergkieferwälder auf Südhängen dominieren. In den Seealpen, wo die Zirbe ihre letzten Vorposten besitzt, besiedelt Lärchenwald mit Hochstauden-Unterwuchs die feuchten Nordhänge (OZENDA 1988).

Abb. 170   Weibl. Blütenzapfen der Lärche.

Abb. 171　Lärchwiesen sind eine alte, vom Menschen geschaffene Nutzungsform ehemaliger Fichten-Lärchen-Mischwälder.

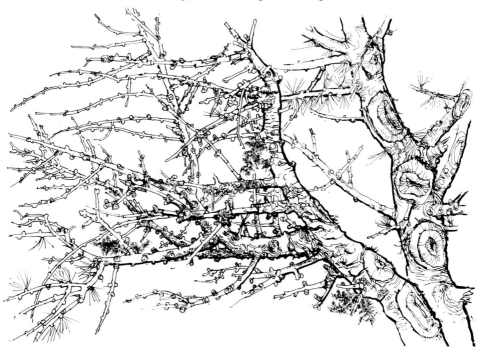

Abb. 172　Kleinformen von Lärche an der Baumgrenze (2200 m). Am Standort der Zeichnung war Steinschlag ausgeschlossen. Die Stammschäden sind wahrscheinlich durch Schikanten verursacht.

Abb. 173   Extremer Fels-Lärchenwald
(Rhodothamno-Laricetum).

Abb. 174   Auf der bogig aufsteigenden Stammbasis einer Lärche am Steilhang wachsen Zwergsträucher und junge Zirben im gras- und farnreichen Lärchen-Zirbenwald.

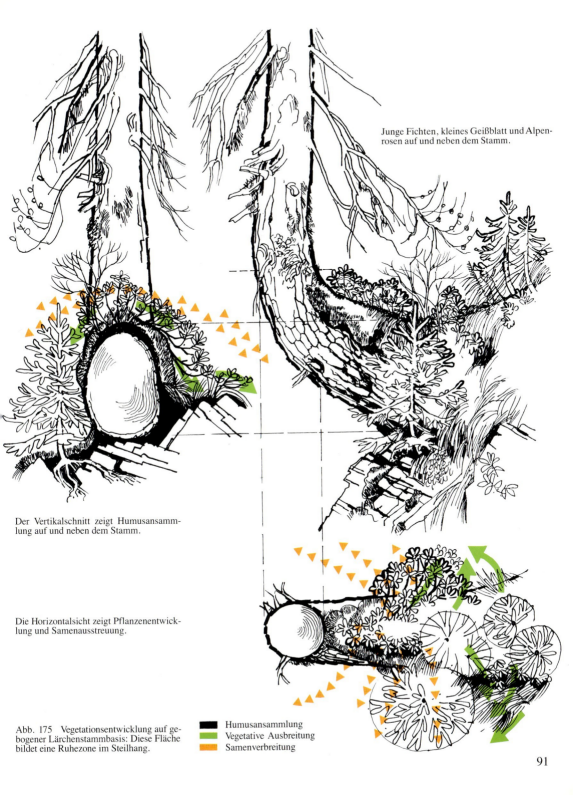

Abb. 175 Vegetationsentwicklung auf gebogener Lärchenstammbasis: Diese Fläche bildet eine Ruhezone im Steilhang.

Junge Fichten, kleines Geißblatt und Alpenrosen auf und neben dem Stamm.

Der Vertikalschnitt zeigt Humusansammlung auf und neben dem Stamm.

Die Horizontalsicht zeigt Pflanzenentwicklung und Samenausstreuung.

■ Humusansammlung
■ Vegetative Ausbreitung
■ Samenverbreitung

Flechtenflora im Bergwald

Die im Pflanzenreich einzigartige Symbiose zwischen mikroskopischen Algen (bes. Grün- und Blaualgen) und Pilzen (überwiegend aus der Gruppe der Schlauchpilze *Ascomycetes*) hat nicht nur völlig neuartige Formen (krustige oder gallertige Lager, winzige Sträuchlein oder vielfädige „Bärte"), sondern auch neue biochemische Leistungen hervorgebracht, die „Flechtensäuren", die teils antibiotisch, teils – auf Warmblütler – giftig wirken. Flechten gehören mit zu den widerstandsfähigsten Lebewesen, die wir kennen. Sie spielen daher im Hochgebirge eine sehr wichtige Rolle. Die windexponierten Zwergstrauchheiden *(Empetro-Vaccinietum* und *Loiseleurietum)* durchwachsen und überspinnen sie und stellen so einen erheblichen Anteil der lebenden Biomasse dar (Abb. 221).
Die Bäume feuchter Bergwälder können sie durch ihre Bärte in Märchengestalten verwandeln. Da der Besatz mit Flechten an abgestorbenen Ästen stärker ist als an wachsenden Zweigen, werden Flechten oft fälschlich für Parasiten gehalten, die sie nicht sind. Häufigste Strauchflechte auf Ästen ist wohl *Pseudevernia furfuracea;* auf Zirbe und Lärche fällt besonders die leuchtendgelbe Wolfsflechte *Letharia vulpina* auf, die H. GAMS ein „uraltes Relikt der spättertiären Zedernwälder" der Alpen nennt.

Abb. 176   Wolfsflechte *(Letharia vulpina)* und Bartflechte *(Usnea* sp.*)* auf der Wetterseite eines alten Lärchenstammes.

Abb. 177   Dichter Flechtenbewuchs auf abgestorbener Waldgrenz-Fichte: *Pseudevernia furfuracea, Usnea* sp., *Hypogymnia physodes*.

Pilzflora im Lärchen-Zirbenwald

Pilze sind ökologisch wichtige, an der Waldgrenze sogar lebensnotwendige Wurzelpartner (Symbionten) der Bäume. Umgekehrt sind viele Pilze offenbar auf das Zusammenleben mit Bäumen — manchmal sogar ganz bestimmten Arten — angewiesen. Die „Pilzwurzeln" der Waldgrenzbäume gehören anatomisch zum Typ der Ektomykorrhiza, bei der die Pilzhyphen zwischen den Zellen der Wurzelrinde eindringen, nicht aber in die lebende Zelle.

Die **Mykorrhyzen** selbst sind knollig oder kurz gabelig verzweigt (Abb. 137); auch beide Typen an einer Wurzel kommen vor. Die Pilze erhalten vom Baum Kohlehydrate und andere Stoffe, v.a. Vitamine, und verbessern dafür die Aufnahme von Wasser und Mineralstoffen für den Baum. Das Bodenleben im Wurzelhorizont, z.B. die Menge an luftstickstoffbindenden Bakterien, wird durch die Pilze stark gefördert. Weit über 1000 Mykorrhizapilze sind bisher bekanntgeworden; für die Bäume der Waldgrenze sind einige bekannte Pilzarten wichtige Mykobionten.

Wichtigste Zirbenpartner sind der Elfenbeinröhrling *(Suillus placidus)* und der Braune Zirbenröhrling *(S. plorans)*. Pilzpartner für die Lärche sind der Goldröhrling *(Suillus flavus)*, auf Kalkboden der Rostrote Lärchenröhrling *(Suillus tridentinus)*. Auch der Lärchenschneckling *(Hygrophorus lucorum)* und der Graue Lärchenröhrling *(Suillus aeruginascens)* bilden Mykorrhizen. Zur Fichte gehören eine Rotkappe *(Leccinum piceinum)*, der rotstielige Schönfußröhrling *(Boletus calopus)*, der Steinpilz *(B. edulis)* und der wohlriechende Schneckling *(Hygrophorus agathosomus)*. Mit der Legföhre lebt der Körnchenröhrling *(Suillus granulatus)*, mit Latsche und Spirke der Butterpilz *(Suillus luteus)*. In Kalkbuchenwäldern steht der Gelbstielige Röhrling *(Boletus fechtneri)*.

Rostroter Lärchenröhrling *Suillus tridentinus*

Goldröhrling *Suillus flavus*

Grauer Lärchenröhrling *Suillus aeruginascens*

Hohlfußröhrling *Boletinus cavipes*

Lärchenmilchling *Lactarius porninsis*

Orangegelber Lärchenschneckling *Hygrophorus speciosus*

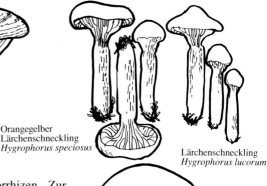
Lärchenschneckling *Hygrophorus lucorum*

Elfenbeinröhrling *Suillus placidus*

Abb. 178 Häufige Pilzpartner im Lärchen-Zirbenwald.

Spirkenwald

Pinetum uncinatae
(= *P. montanae*)

Die Bergföhren im weiteren Sinn umfassen sowohl die niederliegend-aufsteigenden, strauchförmigen „Legföhren" oder Latschen, im wesentlichen auf die Kalkgebirge der östl. Randalpen (bis zu den Dinariden und Karpaten, Vorposten in den Seealpen) beschränkt, als auch die baumförmigen „Spirken" mit westalpischem Verbreitungsschwerpunkt von der Ostschweiz (hier bes. auf Dolomit) bis in die Silikatmassive der Hautes Alpes von Belledonne und Pelvoux (westl. von Briançon) und die nordwestl. Kalkalpen (Chartreuse, Vercors, Dévoluy).

Sowohl die Legföhre als auch die Spirke haben ihren ökologischen Schwerpunkt in flachgründigen Schutt- und Felsstandorten heißer Südhänge, wo sie kaum Konkurrenten besitzen. Auch gehören sie zu den bezeichnenden Bäumen bzw. Sträuchern nährstoffarmer saurer Hochmoore, auch in tieferen Lagen (Torfmoos-Föhrenwald, *Sphagno-Pinetum uncinatae* bzw. *mugi*). Außerdem können sie im Silikatgebiet im Bereich des Lärchen-Zirbenwaldes auftreten oder diesen an trockenen Sonnenhängen ersetzen (Westalpen). Eine befriedigende systematische Trennung der beiden Sippen ist bisher nicht gelungen, weil weder die Wuchsform noch die Zapfenform oder die „Haken" der Zapfenschuppen ein durchgehend brauchbares Unterscheidungsmerkmal abgeben. Zudem kommen im Kontaktgebiet offen-

Abb. 179 Spirken, Engadinerföhren und Lärchen als Pionierbäume auf Dolomitschutt und -fels am Ofenpaß.

bar auch Kreuzungsprodukte vor, bei denen die Merkmale gemischt auftreten.

Besonders eingehend sind die Spirkenwälder im Schweizer Nationalpark am Ofenpaß untersucht. (BRAUN-BLANQUET, PALLMANN, BACH 1954). Obwohl die Spirke hier ein großes natürliches Wuchsgebiet besitzt, sind die heutigen Wälder (2600 ha) — trotz ihres urtümlichen Zustandes, den sie dem Schutz verdanken — zu einem erheblichen Teil sekundär.

Durch Jahrhunderte wurde hier für die Haller Saline Holz geschlagen, Waldbrände taten ein übriges. Aber die Bergföhre ist ungemein vital und genügsam; schon nach kurzer Zeit erobert sie dank ihrer starken Samenproduktion Lichtungen wieder zurück. Besonders bemerkenswert ist auch die Resistenz gegenüber Überschüttung (Abb. 184).

Pflanzengesellschaften

1. Schneeheide-Spirkenwald
Erico-Pinetum uncinatae mit vier Subassoziationen: Verbreitung in den trockeneren Innenalpen (1600-2350 m).

1.1. *Erico-Pinetum uncinatae caricetosum humilis* (Seggenvariante). Gesellschaft offener Karbonat-Rohböden an trockenen Steilhängen.
Erica herbacea, Vaccinium vitis-idaea, Arctostaphylos uva-ursi, Carex humilis, Leontodon incanus, Euphrasia salisburgensis, wenig Moose und Flechten. Varianten mit buntem Reitgras *(Calamagrostis varia)* als Anfangsstadium.

1.2. *Erico-Pinetum uncinatae hylocomietosum* (Moosvariante). Weiter entwickelte Böden; weniger trocken, weniger steil. *Polygala chamaebuxus, Sorbus cha-*

Abb. 180   Spirkenurwald *(Erico-Pinetum uncinatae)* im Schweizer Nationalpark (Ofenpaßgebiet).

maemespilus, Daphne striata, Gymnadenia odoratissima, Epipactis atropurpurea, Melampyrum sylvaticum; üppige Moosdecke: *Hylocomium splendens, Rhytidiadelphus triquetrus, Pleurozium schreberi.* Artenreich (mittl. Artenzahl 46).

Die natürliche Waldentwicklung geht nach BRAUN-BLANQUET in Richtung Alpenrosen-Zirbenwald, weil im sauren Moosbett überall junge Zirben keimen.

1.3. *Erico-Pinetum uncinatae cladonietosum* (Flechtenvariante). Lange Schneedecke, Frost, schlechte Böden, Austrocknung. Baumbestand sehr schlechtwüchsig (6-8 m); Massenvorkommen von Strauchflechten *(Cladonia sylvatica, C. rangiferina),* wärmebedürftige Begleiter fehlen, dafür *Vaccinium myrtillus, V. gaultherioides, Empetrum.* Dauergesellschaft!

Abb. 181 „Tischform" der Bergföhre mit einzelnen aufrechten Stämmen.

Abb. 182 Spirken-Lärchen-Zirbenwald mit starker Verjüngung (Ofenpaß). Auffallend sind die extrem spitzkronigen Jungspirken.

Abb. 183 Verschiedene Kronenformen der Spirke: schlanke, spitze Formen (Ofenpaß). Schlanke, bogenästige Formen (Fernpaß). Rechts: Breitkronige Hochstammform (Mittenwald). Gemeinsam sind allen die hackenförmig hängenden Äste und die graue, kleinschuppige, dünn abblätternde Borke.

1.4. *Erico-Pinetum uncinatae caricetosum ferruginei* (Rostseggenvariante). Nicht sehr häufig an bodenfeuchten Stellen. *Carex ferruginea, C. flacca, Saxifraga aizoides, Parnassia, Bartsia, Pedicularis verticillata*.

2. Wimperalpenrosen-Spirkenwald

Rhododendro hirsuti-Pinetum uncinatae. Besonders in den feuchten Außenketten der Alpen (1750-2100 m), wo *Erica* gegenüber *Rhododendron hirsutum* zurücktritt. An schattigen kühlen Nordhängen mit langer Schneebedeckung, Boden feuchter und humusreicher, Sauerbodenzeiger.

2.1. *Rhododendro-Pinetum uncinatae hylocomietosum* (Moosvariante). Dreischichtiger Aufbau. Baumschicht (8-10 m), Strauchschicht aus *Rhododendron, Erica, Vaccinien, Arctostaphylos alpina, Sorbus chamaemespilus*, Moosschicht *(Hylocomium, Rhytidiadelphus)*. Wärmezeiger selten *(Carex ornithopoda, Sesleria varia)*, dafür *Vaccinium gaultherioides, Empetrum, Dryas, Pinguicula alpina, Tofieldia calyculata, Biscutella laevigata, Bellidiastrum michelii, Homogyne alpina, Luzula sieberi, Cetraria islandica*. Auch hier führt die Entwicklung mit zunehmender Versauerung letztlich zu einem Alpenrosen-Zirbenwald, wie er an einigen Stellen als Relikt erhalten ist (Piz Gialet).

2.2. *Rhododendro-Pinetum uncinatae cladonietosum* (Flechtenvariante). An lokalklimatisch ungünstigen Stellen, v.a. mit langer Schneelage, in Lawinenzügen. Bäume schlechtwüchsig, üppige (20 cm) Flechtenteppiche *(Cladonia stellaris, C. rangiferina)*.

2.3. *Rhododendro-Pinetum uncinatae salicetosum reticulatae* (Netzweidenvariante). Bildet scharf begrenzte Längsstreifen an Lawinenbahnen; sehr ungünstiger Standort, keine Baumformen, sondern „Tisch"-Spirken. *Salix reticulata, Carex firma, Vaccinium gaultherioides, Empetrum, Polygonum viviparum, Huperzia selago, Cladonia sylvatica, C. mitis*.

Abb. 184 Die Spirke hält auch mehrfache Einmurung (Unterschüttung) des Stammes aus.

Auffallend ist, daß die Spirken in der hohen, mehrmaligen Überschüttung senkrecht stehen.

Abb. 185 Schneeheide
(Erica herbacea).

Abb. 188 Buntes Reitgras
(Calamagrostis varia).

Abb. 186 Rote Sumpfwurz
(Epipactis atrorubens).

Abb. 187 Gestreifter Seidelbast
(Daphne striata).

Abb. 189 Buchsblättrige Kreuzblume
(Polygala chamaebuxus).

2.4. *Rhododendro-Pinetum uncinatae arctostaphyletosum alpinae* (Alpenbärentraubenvariante). Geringe Verbreitung an der Obergrenze (bis 2300 m) am Übergang zu den alpinen Rasen. Die Zwergstrauchteppiche füllen die Lücken zwischen den obersten Tischformen der Spirke: *Dryas, Sesleria varia, Festuca pumila, Saxifraga caesia, Bellidiastrum michelii, Pinguicula alpina, Solorina saccata, Tortella tortuosa.*

3. Zwergwacholder- Bergföhrenwald

Junipero alpinae-Pinetum uncinatae. In den Westalpen, wo *Rhododendron hirsutum* fehlt, wächst dieser Waldtyp an steilen, trocken-warmen Südhängen auf Kalk und Silikat (z.B. Briançonnais). Je nach Entwicklungsgrad des Bodens kommen neben Kalkpflanzen wie *Senecio doronicum, Helianthemum grandiflorum, Dryas, Globularia cordifolia, Polygala chamaebuxus, Pulsatilla alpina, Carex austroalpina, Festuca paniculata, Sorbus chamaemespilus* auch Sauerbodenzeiger wie *Juniperus alpina, Vaccinium gaultherioides, Arctostaphylos uva-ursi, Rhododendron ferrugineum* vor. Dieser Bergföhrenwald ist nach OZENDA (1988) das westalpische Gegenstück zu den Rostalpenrosen - Lärchen - Zirbenwäldern der Ostalpen.

4. Blaugras-Spirkenwald

Seslerio variae-Pinetum uncinatae. Grasreicher Typ offener Wälder. Nordwestrand der Alpen (Kalkzüge der Chartreuse, Vercors, Dévoluy, 1700-2000 m). *Sesleria varia, Teucrium montanum, Teuricum chamaedrys, Ribes alpinum, Amelanchier ovalis, Cotoneaster integerrima, **Eryngium spina-alba.***

Legföhrenbuschwald
Pinetum mugi

In den Kalkrandketten der Ostalpen beherrschen quadratkilometergroße, undurchdringliche, gegen das helle Kalkgestein fast schwarz erscheinende Flächen des Latschengebüsches das Landschaftsbild an der Waldgrenze. Im unteren Bereich sind sie oft noch von Fichten- oder Lärchenstreifen begleitet, die aber nicht bis an die Obergrenze des Latschengürtels hinaufreichen, die bei 2000-2200 m liegt. Die Strauchform ist wie ihre baumförmige Schwester, die Spirke (*P. uncinata*), äußerst genügsam, erträgt Hitze und Trockenheit genauso wie Frost und lange Schneelage; sie ist anspruchslos an den Boden und ist auf Fels und Schutt, über Kalk, Dolomit oder Silikat gleichermaßen den meisten anderen Holzarten überlegen. Sie kann fast senkrechte Felswände überziehen. Ähnlich wie BRAUN-BLANQUET (1954) für die Spirkenwälder des Schweizer Nationalparks gezeigt hat, lassen sich auch die ostalpischen Legföhrenbuschwälder gliedern.

Pflanzengesellschaften

1. Kalk-Schneeheide-Latschenbuschwald
Erico-Pinetum mugi.
Dies ist die wärmeliebende Gesellschaft trockener Standorte. Aufgrund der ungünstigeren Wärmesituation am Alpenrand nimmt sie weniger große Flächen ein und steigt nicht so hoch (bis etwa 1600 m). Wärmeliebende Begleiter herrschen vor: *Daphne striata, Polygala chamaebuxus, Epipactis atrorubens*.
Auf Initialstadien mit Pionieren wie *Carex firma, Saxifraga caesia, Primula auricula, Gentiana clusii, Sesleria varia, Valeriana saxatilis, Rhodothamnus chamaecistus* folgen mit zunehmender Bodenreife Moose; Bodenversauerung ermöglicht das Aufkommen von *Vaccinium, Homogyne, Luzula sieberi, Huperzia selago* u.a. In dieser „typischen" Ausbildung überwiegen aber doch die „Kalkholden" in der langen Liste der ca. 40 Begleiter. Auch Weidezeiger wie *Nardus* und *Potentilla aurea* treten in den Rasenlücken auf. VARESCHI (1931) beschrieb aus dem Karwendel als Gegenstück zum sonnseitigen *Erico-Pinetum mugi hylocomietosum* ein schattseitiges (nur in tiefen Lagen unter 1400 m) *Calluno-Pinetum* auf ungestörten alten Talböden mit feuchter Rohhumusauflage.

Abb. 190 Im Schutz einer Legföhre *(Pinus mugo)* ist eine junge Fichte aufgewachsen.

Abb. 191 Ausgedehnte Legföhrenbestände überziehen alle besiedelbaren Schutt- und Felsflächen oberhalb der Hochwaldgrenze (bis 2200 m) in den Nördlichen Kalkalpen.

2. Wimperalpenrosen-Latschenbuschwald

Rhododendro hirsuti-Pinetum mugi.

Die am meisten verbreitete Gesellschaft der höheren und daher kühleren und feuchteren Lagen. Zahlreiche Varianten sind beschrieben worden, die oft ineinander übergehen. Von diesen können hier nur die wichtigsten angeführt werden (LIPPERT 1966, SMETTAN 1981):

Initialstadien mit *Caricetum firmae*-Arten

Erica- und *Calamagrostis varia*-reiche Bestände auf trockenem Schutt.

Rhododendron hirsutum-Optimalphase an Nordhängen mit Lärchenbestockung.

Grünerlenreiche Ausbildung als Übergang zum *Alnetum viridis* an wasserzügigen Standorten mit *Adenostyles alliariae* und *Dryopteris dilatata*.

Moosreiche Ausbildung *(Hylocomium)* an feuchteren, tiefgründigeren Standorten.

Flechtenreiche Variante *(Cladonia rangiferina, C. sylvatica)* an lange schneebedeckten Standorten.

Eine bodensaure Ausbildung, wo sich nach Ansammlung von Humus *Rhododendron ferrugineum* und v.a. *Rh. intermedium* sowie *Vaccinium gaultherioides* einfinden — bes. im Inneren größerer Latschenfelder — hat THIMM (1953) aus dem Rofan beschrieben, sie kommen aber auch anderwärts nicht selten vor. Die Legföhrenbestände bilden also meist ein vielfältiges, hochinteressantes Mosaik aus Kalkrasenpflanzen und Sauerbodenpflanzen, wobei die löcherige Struktur ebener, verkarstender Kalkfelsen das enge Nebeneinander von bis zu 60 Arten mit völlig gegensätzlichen Bodenansprüchen fördert.

Die Legföhre kann auch auf humusfreien
Fels- und Schuttflächen wachsen

2400 m

Im Vergleich zur Buche verändert die
Legföhre ihre grundsätzliche Wuchsform
auch unter extrem unterschiedlichen
Standortbedingungen nur wenig

2200 m

Pionierbesiedlung und Festigung
von Schutthalden und Blockströmen

2000 m

Die Latsche bereitet als Vorholz
die Ansiedlung von Lärchen,
Zwergsträuchern und Rasen vor

1800 m

Großflächige Haldenbesiedlung

1600 m

Montaner Fichten-Buchenwald
mit Legföhrenbeständen

1400 m

Extreme Höhenspanne der Legföhren am
M. Bondone (Trento). Gipfelstandort bei
2000 m, darunter Besiedlung (durch
Samenfall) bei 400 m in Talschlucht

Abb. 192
Höhenstufenschema
von Legföhrenbestand
Pinetum mugi

Abb. 193 Gedrungener Wuchs einer Kleinform der Legföhre. Darüber im Dolomitfels
Legföhren in Extremstandorten.

103

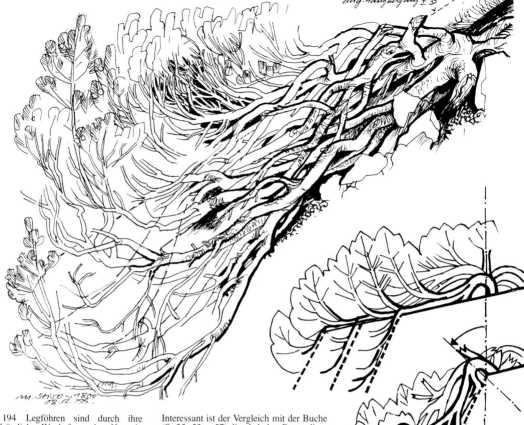

Abb. 194 Legföhren sind durch ihre grundsätzliche Wuchsform den Hangabwärtsbelastungen angepaßt. Interessant ist der Vergleich mit der Buche (S. 35, 53 u. 57) die als hoher Baum diese Wuchsform annehmen kann.

Legföhre bei fortschreitender Erosion am Rand einer Lawinenrinne.

3. Silikat-Rostalpenrosen-Latschenbuschwald

Rhodendro ferruginei-Pinetum mugi.

Auch in den Silikat-Innenalpen fehlt die Latsche nicht, ihre Verbreitung ist aber viel lückenhafter, ohne daß man Gesetzmäßigkeiten für das Fehlen erkennen könnte (im Innerötztal z.B. im Ventertal vorhanden, im Gurglertal fehlend). Hier ist sie auf den besseren Böden gegen Lärche und Zirbe nicht konkurrenzfähig und kann daher nur die extremen Fels- und Blockschuttstandorte besiedeln. Selbst hier hat sie aber einen Konkurrenten, nämlich die Grünerle. Auf breiten Lawinenhängen, wo kein Hochwald aufkommt, teilen sich niedrige Sträucher die Fläche so auf, daß an den feuchteren, oft flachen Rinnen die Grünerle, an den etwas erhabenen und daher trockenen Buckeln die Latsche wächst. Gelegentliche Durchdringungen kommen an den Grenzflächen vor, sodaß dann Legföhren-Grünerlen-Hochstauden-Komplexe entstehen.

Die vom ostalpischen Hauptareal abgetrennten Vorkommen in den Südwestalpen liegen im Bereich der oberen Dora Riparia westl. Turin und im Sturatal, in den Seealpen und Ligurischen Alpen südl. Cuneo. Sie gehören zu zwei Gesellschaften:

Auf Schattseiten der Granit-Seealpen zum *Rhodendro ferruginei-Pinetum mugi,* auf Sonnenseiten der Ligurischen Kalkalpen bilden sie eine artenreiche Kombination mit mediterranen Gebirgssteppenpflanzen, v.a. den Dornpolsterheiden von *Astragalus sempervirens* mit *Helictotrichon sempervirens.*

Abb. 195 Zwergmispel
(Sorbus chamaemespilus).

Abb. 198 Felsenbirne
(Amelanchier ovalis).

Abb. 201 Felsenbirne
(Amelanchier ovalis) in Frucht.

Abb. 196 Sonnenröschen
(Helianthemum nummularium)

Abb. 199 Vogelbeere
(Sorbus aucuparia).

Abb. 202 Rundblättriges Wintergrün
(Pyrola rotundifolia).

Abb. 197 Schneepestwurz
(Petasites paradoxus).

Abb. 200 Strahlenginster
(Genista radiata), v.a. S-Alpen.

Abb. 203 Seidelbast
(Daphne mezereum).

Bestandesstruktur
Bioklima
Boden

Bergwald

Subalpiner Ahorn-Buchenwald
Aceri-Fagetum

Tiefsubalpiner Fichtenwald
Homogyne-Piceetum
(= „*Piceetum subalpinum*")

	Subalpiner Ahorn-Buchenwald	Tiefsubalpiner Fichtenwald
Schwerpunkt der Höhenverbreitung	1300–1600 (1800)	1400–1900
Mittlere Artenzahl (Verbands-Charakterarten)	50 (15)	30 (11)
Standorts-Charakter	schneereiche Lagen; tonige, sickerfeuchte Schuttböden, Hochstauden	feuchte bis trockene Varianten; v.a. in Schattlagen
Produktionszeit (Monate)	5	7
Bodentiefe in cm	(30–)60	(20–)50
pH-Spanne des Oberbodens	5–6	3–4
Humusgehalt des Oberbodens mit Auflage %	6	70
Häufiger Bodentyp	Humuskarbonatböden Mull-Braunerden	Eisen-Podsol

Hochsubalpiner Lärchen-Zirbenwald *Larici- Pinetum cembrae*	**Spirkenwald** *Erico- Pinetum uncinatae*	**Legföhren- gebüsch** *Pinetum mugi*	**Grünerlen- gebüsch** *Alnetum viridis*

1700−2200 (2400)	1800−1950 (1400−2300)	1800−2200	1500−2100
27 (9)	30 (9)	30 (10)	30 (6)
Silikat (auch Kalk, Dolomit) N: kühl, frisch S: warm, trocken	*Erico-Pi.* trockenwarm, felsig *Rhodod.-Pi.* kühl, feucht	auf Schutt und Fels, Kalk und Silikat meist trocken, auch feucht	bes. über Schiefern und Mergeln, Böden nährstoffreich, Bäche, Lawinen
5 (Zirbe) 3,5 (Lärche)	6−7	6−7	5
60(20−100)	35	flach bis 100	bis über 100
3−4	6−7	6−7	5−6
80	70−80	60−80	
Eisen- Podsol	Humuskarbonatböden, Tangel- rendzina; Silikat: Podsolranker		gestörte Böden, Anmoorgley, Hangbraunerden

Zwergstrauchheiden

Im Unterwuchs der inneralpinen Lärchen-Zirbenwälder breiten sich dichte Teppiche von Zwergsträuchern aus. In geschlossenen und daher dunklen Wäldern dominiert die Heidelbeere neben Preiselbeere und Rauschbeere, in den parkartig aufgelichteten Baumbeständen an der Waldgrenze wachsen die bis über 1 m hohen Gestrüppe der licht- und wärmebedürftigen Rostblättrigen Alpenrose *(Rhodendron ferrugineum)*, die zur Blütezeit Anfang Juli die Waldgrenzlandschaft mit ihrem leuchtenden Rot überzieht. In Bodennähe – gewissermaßen als Unterwuchs des „Alpenrosen-Miniaturwaldes" – kann sich eine zweite Zwergstrauchheide, wiederum aus den eben genannten Beerensträuchern *(Vaccinium)* entwickeln, die ihrerseits wieder von Laubmoosen durchwirkt ist, sodaß der Raum optimal genutzt wird. Steigen wir höher hinauf – wie man dies z.B. geradezu modellhaft am Nordhang des Patscherkofels bei Innsbruck beobachten kann, so löst sich die zuerst geschlossene Alpenrosenflur, die aus dem Unterwuchs des Zirbenwaldes noch etwa 100 bis 200 m höher vordringt, fleckenartig auf in ein Mosaik aus verschiedenen Zwergstrauchgesellschaften. Im Juni, wenn die Schneeschmelze schon weit fortgeschritten ist, läßt sich der wichtigste ökologische Faktor für die Ausbildung dieses Musters gut erkennen: Es ist die Andauer (und die Höhe) der Schneedecke! Gewissermaßen als „Erinnerung" an die Heimat ihrer Vorfahren, die feuchten Bergwälder des Himalaya, hat die Alpenrose die Empfindlichkeit gegen Trockenheit geerbt. Dies aber ist für sie die größte Gefahr im Winter: Junge Zweige, deren immergrüne Blätter nicht vom Schnee zugedeckt sind, müssen unweigerlich vertrocknen, da aus dem gefrorenen Boden kein Wassernachschub möglich ist („Frosttrocknis").

Die Beerensträucher *Vaccinium myrtillus* und *V. gaultherioides* werfen im Herbst die Blätter ab, sodaß sie späteres Einschneien und früheres Ausapern ertragen. Sie benötigen auch eine längere Aperzeit, weil sie im Frühling erst wieder neue Blätter bilden müssen. Am wenigsten winterlichen Schneeschutz braucht die Gemsheide *(Loiseleuria)*, die als einziger Zwergstrauch noch an extre-

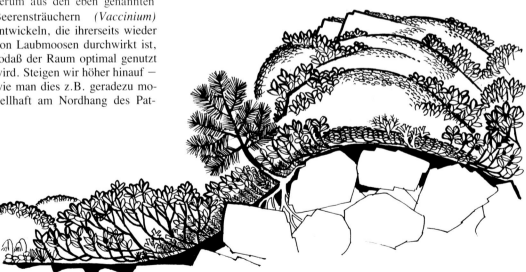

Abb. 204 Schnitt durch Geländerelief: Auf den Rücken in der Windblöße liegen Gemsheidespaliere, in der Schneemulde stehen Alpenrosen. Die seitlichen Einhänge der Gräben mit mittlerer Schneedeckenandauer sind von Beerenheiden besiedelt. Hier haben Zirben am ehesten Wuchschancen, sind aber als Jungbäume der Frosttrocknis ausgesetzt (s. S. 74/75).

Abb. 205 Die Alpenrosenheiden über der Waldgrenze werden häufig zur Weidegewinnung gerodet. Bei nachlassender Beweidung kann *Rhododendron ferrugineum* den Bürstlingsrasen wieder verdrängen.

men Windkanten überlebt. Sie schafft dies durch einen „Trick" ihrer Wuchsform: Unter dem dicht zusammenschließenden, sich nur wenige Zentimeter über die Bodenoberfläche erhebenden, immergrünen Blätterdach dieser Spalierteppiche kann sich ein „Mikroklima" ausbilden, das wesentlich günstiger ist als die Witterung außerhalb des Bestandes. Darüber wurde im ersten Band bereits ausführlich berichtet.

Eine Besonderheit der waldfreien, alpinen Stufe ist die viel stärkere Auswirkung des Reliefs, der Oberflächenformen: Mulden und Rinnen sind im Sommer windgeschützt und warm, im Winter schneegefüllt. Kuppen und Rippen hingegen sind dem Wind ausgesetzt und kühl, im Winter abgeblasen und daher meist nur kurzzeitig und gering schneebedeckt. Die Vegetation verteilt sich im Gelände sehr genau diesem Kleinklima entsprechend, sodaß das meist kleinräumige Vegetationsmuster das Mikroklima des Standorts (und die Länge der Vegetationszeit) widerspiegelt. Mit H. FRIEDEL (1961) könnten wir daher von einer „relieforientierten" Vegetation der alpinen Stufe sprechen. Anders im geschlossenen Bergwald, der sich sein Eigenklima schafft und damit das Mikroklima des Geländereliefs weitgehend überspielt. Die Höhengrenzen und die Höhenlage der Bergwaldstufen richten sich vor allem nach dem Wärmegenuß, den die allgemeine Großklimasituation in einer bestimmten Exposition und Höhenlage zur Verfügung stellt. FRIEDEL nannte diese Grenzen „niveau-orientiert".

Die **Pflanzengesellschaften** der Zwergstrauchheidenstufe haben wir in einer Übersichtstabelle zusammengefaßt (S. 113). Über die jeweils dominanten und namengebenden Zwergsträucher hinaus ist eine größere Zahl von „Begleitern" in allen Zwergstrauchtypen vertreten, lediglich die Vitalität und damit die Konkurrenzkraft (ausgedrückt durch die Anzahl der vorkommenden Individuen) sind verschieden stark, sodaß sich gewisse Schwerpunkte erkennen lassen. Diese „ökologische Reihe" nach abnehmendem Schneeschutz haben zum ersten Mal PALLMANN und HAFFTER (1933) im Engadin studiert. Als hauptsächlichen Bodentyp der stark sauren Rostalpenrosenheiden wurde Eisenhumuspodsol mit einer Rohhumusauflage festgestellt. NEUWINGER und CZELL (1961) haben diese Waldgrenzenböden im Ötztal sehr genau beschrieben.

Abb. 206 Schnee in den Mulden zeigt Standorte der Alpenrose an.

Abb. 207 Vegetationsmosaik nach Geländerelief: Schneemulden mit Alpenrose, Windkanten mit Gemsheide, mittlere Lagen mit Beerenheiden (s. Abb. 204).

Abb. 208 Die Höhenstufe der Alpenrosenheiden ist zum Großteil potentielles Waldgebiet (alte Bäume im Hintergrund als Zeugen). Nach Aufhören der Beweidung kommt hier Jungwuchs hoch. Der dichte Bestand läßt Aussaat durch Tannenhäher annehmen.

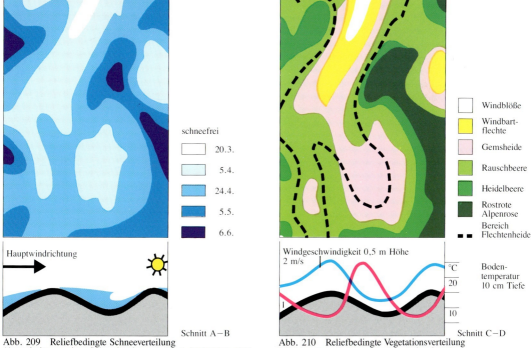

Abb. 209 Reliefbedingte Schneeverteilung (Ausschnitt aus einer Schneekartierung). Nach FRIEDEL 1961.

Abb. 210 Reliefbedingte Vegetationsverteilung (gleicher Ausschnitt aus der Vegetationskarte).

Rostalpenrosenheide

Rhododendro ferruginei-Vaccinietum

Alpenrosen brauchen Licht. Sie sind daher keine Bewohner des dunklen, sondern bestenfalls eines lichten Waldes. Der „Alpenrosen-Zirbenwald" in seiner häufigsten Form ist durch Rodung und Weidegang zu einer offenen Formation geworden, sodaß sich BRAUN-BLANQUET und Mitarbeiter (1954) in ihrer klassischen Beschreibung nicht entschließen konnten, dies als Wald zu bezeichnen. Sie sprechen vielmehr von einer Zwergstrauchheide mit Bäumen („*Rhododendro-Vaccinietum cembretosum*") und einer waldfreien Ausbildung (*„Rh.-V. extrasilvaticum"*). Ein erheblicher Teil der heute zirbenfreien Alpenrosenheiden ist daher potentielles Waldland und könnte wieder aufgeforstet werden. Nur ein schmaler Streifen an der Obergrenze der Alpenrosenheiden ist dem Baumwuchs nicht mehr zugänglich, weil hier der Schnee für die Zirbe zu lang liegen bleibt. Die Verknüpfung der Alpenrosenheiden mit dem Zirbenwald wird auch aus der Artenliste deutlich: Die *„Vaccinium myrtillus-Gruppe"* mit ihren Moosen und die Gruppe der „Nadelwaldarten" *(Calamagrostis villosa, Melampyrum sylvaticum, Hieracium sylvaticum, Linnaea borealis, Luzula sieberi, Homogyne alpina, Cladonia gracilis, Peltigera aphtosa)* sind am stärksten vertreten.

SIEGWOLF und CERNUSCA (1984) haben das Mikroklima, die Bestandesstruktur und die Stoffproduktion sehr genau untersucht. Die Ergenisse sind im Diagramm Abb. 211 dargestellt. Schon bei einem Drittel des maximalen Lichts am Standort erreicht die Alpenrose maximale Leistung. Die Temperaturanpassung der Photosynthese ist optimal: 80% des Stoffgewinns werden bei Temperaturen zwischen 5 und 25° erzielt. Besonders überraschend war das Ergebnis, daß auch trockene Luft – wie sie in Föhnperioden häufig vorkommt – von der sehr dürreempfindlichen Alpenrose ohne weiteres toleriert wird, wenn die Wasserversorgung aus dem Wurzelraum gesichert ist. Das ist um so wichtiger, als der offene Aubau der Alpenrosensträuche den Wind nahezu ungehindert durchblasen läßt, so daß sich kein luftfeuchtes Innenklima ausbilden kann. Bei sommerlichem Schönwetter sinkt daher die relative Luftfeuchtigkeit auf 35 bis 50%.

Von Bedeutung für den Naturhaushalt ist ein Pilzparasit, auf der Rostalpenrose. Der Goldschleim (*Chrysomyxa rhododendri*) macht orange Flecken auf der Blattunterseite. Zu seiner Entwicklung braucht er als Wirtspflanze noch die Fichte (Abb. 132).

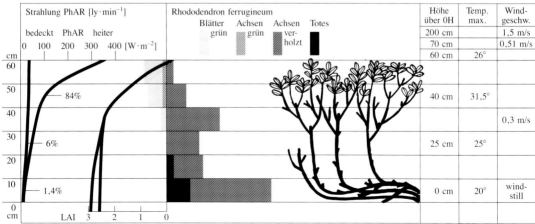

Abb. 211 Bestandesklima und Phytomasse in einer Rostalpenrosenheide *(Rhododendron ferrugineum)*. Nach CERNUSCA 1978.

Abb. 212 Islandflechte *(Cetraria islandica)*, Gemsheide.

Abb. 213 Heidelbeere *(Vaccinium myrtillus)*.

Abb. 214 Alpen-Bärlapp *(Diphasium alpinum)* vorne – Tannen-Bärlapp *(Huperzia selago)* hinten.

Zwergstrauchheiden im Silikat

Ökologische Artengruppen der Schnee-Wind-Reihe

Außerhalb ihrer ökologischen Schwerpunkte ist die Konkurrenzkraft der Arten abgeschwächt, daher bilden sich bezeichnende Artengruppen in typischer Verteilung

Schnee   Wind

Rhododendro-ferruginei-Vaccinietum	*Empetro-Vaccinietum hylocomietosum*	*Empetro-vaccinietum cetrarietosum u. Vacc. gaulth.-Var.*	*Loiseleurietum Curvuletum*
Rhododendron ferrugineum 3 Lonicera coerulea Linnaea borealis Luzula sieberi	Empetrum hermaphroditum 3 Lycopodium alpinum S Cladonia uncialis S	Empetrum hermaphroditum 4 Diphasium alpinum 2 Cladonia uncialis	Loiseleuria procumbens 4-5 Cetraria cucullata Cetraria nivalis Cetraria crispa Alectoria ochroleuca
Loiseleuria procumbens Pinus cembra	Loiseleuria procumbens	Loiseleuria procumbens 2	
Empetrum hermaphroditum Calamagrostis villosa Peltigera aphtosa 1 Melampyrum sylvaticum Hieracium sylvaticum	Rhododendron ferrugineum Peltigera aphtosa Hieracium alpinum	Rhododendron ferrugineum S Leontodon helveticus Carex curvula Phyteuma hemisphaericum Euphrasia minima Ligusticum mutellina	Rhododendron fehlt Carex curvula Phyteuma hemisphaericum Euphrasia minima Sesleria disticha
Vaccinium gaultherioides 1-2	Vaccinium gaultherioides 2-3 V. vitis-idaea Cladonia sylvatica C. rangiferina Homogyne alpina Huperzia selago	Vaccinium gaultherioides	Vaccinium gaultherioides 1-2 V.vitis-idaea
Vaccinium myrtillus 3-4 Hylocomium proliferum Dicranum scoparium Rhytidiadelphus triquetrus Pleurozium schreberi	Vaccinium myrtillus 1-2 Hylocomium proliferum Dicranum scoparium Rhytidiadelphus triquetrus Pleurozium schreberi Ptilium crista-castr.	Vaccinum myrtillus allein, ohne Moose	Vaccinium myrtillus fehlt
Homogyne alpina Avenella flexuosa 1 Avenula versicolor S	Avenella flexuosa Avenula versicolor 1	Avenella flexuosa Avenula versicolor	Avenella flexuosa Avenula versicolor

S = selten, 1 = 1-10%, 2 = 10-25%, 3 = 25-50%, 4 = 50-75%, 5 = 75-100% Flächenanteil
Vereinfachtes Schema in Anlehnung an MAYER 1974 und BRAUN-BLANQUET, PALLMANN, BACH 1954.

Krähenbeeren-Rauschbeerenheide
Empetro-Vaccinietum

Je höher wir im Bereich der Zwergstrauchheide steigen, umso radikaler ändern sich — schon mit kleinen Geländeunterschieden — das Mikroklima und damit auch die Lebensbedingungen, vor allem die entscheidende Länge der Aperzeit. Auf wenigen Metern Distanz können Unterschiede der Vegetationszeit von vier Monaten auftreten! FRIEDEL (1961) hat nachgewiesen, daß der entscheidende Klimafaktor für die Schneebedeckung im Relief der Wind ist.

In der ökologischen Reihe Schneemulde *(Rhododendretum)* — Muldenhang *(Vaccinietum)* mit kürzerer Schneedeckendauer — windexponierte Kuppe *(Loiseleurietum)* nimmt also die Beerenheide eine zentrale Stellung ein (Schema Seite 108): Einerseits wächst sie als Unterwuchs im Schutz der Alpenrosen in tieferer Lage, andererseits dringen die am besten an extremes Klima angepaßten Rauschbeeren *(Vaccinium gaultherioides)* bis in die Randbereiche der Gemsheidespaliere, ja vereinzelt bis in die alpinen Krummseggenrasen *(Curvuletum)* vor.

Die charakteristischen Begleitpflanzen sind ± in allen drei Haupttypen der unteralpinen Zwergstrauchgesellschaften vertreten, aber doch mit Schwerpunktbildungen. Die *Rhododendron*-Gruppe der Lärchen-Zirbenwaldbegleiter fällt in der Beerenheide weitgehend aus, die *Vaccinium myrtillus*-Gruppe ist in der

Abb. 215 Von Heidelbeerheide überwachsene Blockhalde.

Abb. 216 Krähenbeere
(Empetrum hermaphroditum).

Abb. 217 Preiselbeere
(Vaccinium vitis-idaea).

Abb. 218 Besonders eindrucksvoll sind die Heidelbeerheiden im Spätherbst, wenn weite Flächen über der Waldgrenze sich leuchtend rot verfärben.

Abb. 219 Rauschbeere *(Vaccinium gaultherioides)* in Blüte.

Abb. 220 Rauschbeere in Frucht.

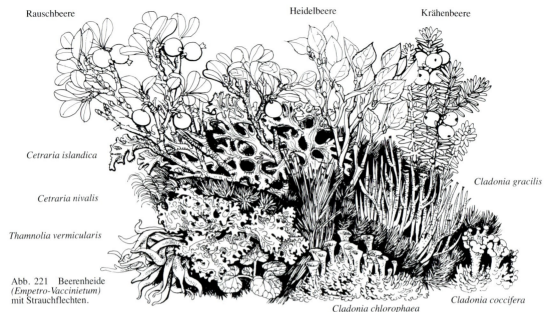

Abb. 221 Beerenheide *(Empetro-Vaccinietum)* mit Strauchflechten.

moosreichen Ausbildung *(E.-V.-hylocomietosum)* noch üppig ausgebildet, die Heidelbeere selbst aber bereits zurücktretend. In der flechtenreichen, trockeneren Ausbildung *(E.-V.-cetrarietosum)* und besonders in der Rauschbeeren-Variante treten *Empetrum,* der Alpenbärlapp *Diphasium alpinum* und die Flechte *Cladonia uncialis* stark hervor.

In Bezug auf die ökologische Situation am Standort nimmt das *Empetro-Vaccinietum* ebenfalls eine Mittelstellung ein: aus den langjährigen, eingehenden Untersuchungen der Arbeitsgruppe W. LARCHER (1977) und A. CERNUSCA (1976) geht als wichtigstes Ergebnis hervor, daß das Mikroklima im Bestand — mitverursacht durch den jeweils besonderen Aufbau („Struktur") der Pflanzendecke — sich völlig anders verhält als das Kleinklima außerhalb. In der „windstillen und relativ warmen" Alpenrosenmulde ist es für die Pflanzen in Wirklichkeit windiger und kühler als in den Gemsheidespalieren an der kalten Windkante!

Abb. 222 *Cladonia stellaris*.

Abb. 223 *Lecanora atra* auf totem Alpenrosenzweig.

Abb. 224 Wurmflechte *(Thamnolia vermicularis)*.

Strauch-Gesellschaft Schweizer Weide
Salicetum helveticae

Auf feuchten, nordseitigen Blockschutthalden an der Waldgrenze, wo der Lawinenschnee lange liegen bleibt, wird die Alpenrose von der Schweizer Weide ersetzt. Trotz der äußeren Ähnlichkeit mit Grünerlengebüschen ist dieser eigenartige Strauchverein nach BRAUN–BLANQUET et. al. (1954) floristisch den Alpenrosenheiden anzuschließen: neben *Salix helvetica, S. glauca, S. hastata* und Bastarden treten als Begleiter die Rhododendron-Gruppe, die moosreiche *Vaccinium myrtillus*-Gruppe und die Braune Schneesimse *Luzula alpino-pilosa* auf. Von den Hochstauden, die für die Grünerlenbüsche kennzeichnend sind, kommen nur *Gentiana punctata, Solidago alpestris* und *Adenostyles alliariae* vor.

Abb. 226 Männl. Kätzchen der Schweizer Weide.

Weidengebüsch
Salicetum waldsteinianae
Wächst sowohl oberhalb der Grünerlengebüsche als auch (auf Dolomit) im Mosaik mit Legföhren.

Abb. 225 Wuchsort des *(Salicetum helveticae)*. Nach BRAUN-BLANQUET 1954.

Abb. 227 Schweizer Weide in Silikatblockwerk.

Wacholder-Bärentraubenheide

Junipereto-Arctostaphyletum

Während die schattig-feuchten Nord- und Westflanken der inneralpinen Täler von Lärchen-Zirbenwäldern mit *Vaccinien* oder — an der Waldgrenze — Alpenrosenunterwuchs bedeckt sind, hat man die günstigeren Süd- und Osthänge schon sehr früh zur Gewinnung von Weiderasen gerodet. Auch hier, an diesen warmen bis heißen, felsigen und trockenen, früh schneefreien Steilhängen wuchsen — zumindest an Stellen mit tiefergründigen Böden — lichte Lärchen- und Zirbenbestände, in den Westalpen auch Bergföhren. Die heutigen Wacholder-Bärentraubenheiden — meist wie eh und je beweidet — sind also zum Großteil potentielles Waldgebiet; sie sind das Sonnhang-Gegenstück zu den Alpenrosenheiden der Schatthänge! Mit dem Rückgang des Bergbauerntums erobert der Wald langsam, aber an vielen Stellen sein altes Areal zurück. Die dominanten Zwergsträucher Wacholder, Bärentraube und Besenheide *(Calluna vulgaris)* sind sehr aggressiv. In regelmäßigen Abständen muß der Bauer diese lästigen Weideunkräuter abbrennen oder als Streu abmähen, wenn er den Weiderasen erhalten will. Doch dies gelingt meist nur unvollkommen; so hat sich ein Mosaik herausgebildet, wobei die etwas feuchteren Mulden von blumigen Bürstlingrasen, die trockeneren Kuppen von den Zwergsträuchern besetzt sind. Das **Junipereto-Arctostaphyletum** ist also nur an seiner

Abb. 228 Trockene Zwergstrauchheide der Sonnhänge *(Junipereto-Arctostaphyletum)*. Alte Zirben als Zeugen einstigen Waldes; daneben Jungzirben.

oberen Grenze, über der Bergwaldstufe eine Schlußgesellschaft, in der Mehrzahl der Fälle aber eine Dauergesellschaft oder ein Entwicklungsstadium zurück zum Wald. Der Wacholder vermag nämlich heiße Silikat-Blockschutthalden und Felsen zu besiedeln; in der Nadelstreu kommt die Bärentraube auf; später, wenn sich genügend Humus angesammelt hat, die *Vaccinien* und die Besenheide. In diesem Stadium gibt die Wacholderheide ein gutes Keimbett für die Nadelbäume ab. Auch die Böden sind ein Spiegel dieser Entwicklung. Die Serie reicht von gestörten Kolluvien über podsolige Braunerden zu stark sauren (pH 4-5), als Relikt ehemaliger Bewaldung erhaltenen Eisenpodsolen. Nach den Dominanzverhältnissen der Leitpflanzen lassen sich zwei Ausbildungen unterscheiden: Auf den extremeren, steileren und flachgründigeren Hängen, die nur stellenweise „waldfähig" sind, ist die wacholderreiche Subassoziation **Junipereto-Arctostaphyletum juniperetosum** entwickelt, während

Abb. 229 Jahrzehntealtes Stämmchen eines Zwergwacholders.

Abb. 230 Im Spätsommer blüht hier die Besenheide *(Calluna vulgaris)* zwischen fruchtendem Zwergwacholder *(Juniperus alpina)*.

Abb. 231 Bärentraube *(Arctostaphylos uva-ursi)*.

Abb. 232 Allermannsharnisch *(Allium victoriale)*.

Abb. 233 Tiroler Kreuzkraut *(Senecio tirolensis)*.

sich an den weniger steilen und weniger extrem trockenen Flächen mit besseren Böden das **J.-A. callunetosum** ausbreitet. Beiden Typen ist die reiche Artengarnitur der Weiderasen **Aveno-Nardetum** eigen.

So gehören die Wacholderheiden zum Reizvollsten, was der Waldgrenzbereich in den Alpen zu bieten hat. Flachere, blumenreiche Absätze wechseln mit flechtenbunten Gneiswänden, in denen da und dort eine Zirbe oder Legföhre Zuflucht gefunden hat; dazwischen Blockfelder mit krausem Rollfarn *(Cryptogramma crispa)* und Kle-

brigem Habichtskraut *(Hieracium intybaceum)* und als Hauptvegetation das Mosaik der „warmen Zwergstrauchheide". Ihre Verbreitung ist auf die kontinentalen Innenalpen und die südlichen Zwischenalpen (z.B. Bergamasker) begrenzt; in den Nordalpen kommt sie kaum vor. In den Westalpen spricht OZENDA (1988) von einer „xerophilen Serie" des Lärchen-Zirben-Bergföhrenwaldes, wie sie etwa im extrem trockenen Briançonnais besonders schön ausgebildet ist. Hier entwickelt sich die Wacholderheide bei Einstellung der Be-

weidung zum Bergföhrenwald. Eine noch extremere Zwergstrauch-Weidegesellschaft, in der ein anderer Wacholder, nämlich der schuppenblättrige Sefenstrauch *(Juniperus sabina)* dominiert, hat BRAUN–BLANQUET (1961) aus dem Aostatal beschrieben: **Astragalo-Juniperetum sabinae** mit dem prächtigen Traganth *Astragalus centralpinus*, den Steppengräsern *Koeleria vallesiana, Festuca vallesiaca* sowie *Thalictrum foetidum, Stachys recta, Berberis* und mehreren Heckenrosen.

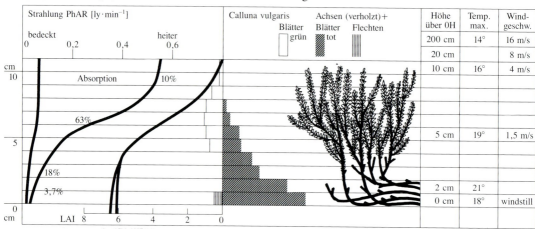

Abb. 234 Bestandesklima und Phytomasse in einer Besenheide *(Callunetum)*. Nach CERNUSCA 1976.

Abb. 235　Fels-Ehrenpreis *(Veronica fruticans)*.

Abb. 239　Schwefelgelbe Hauswurz *(Sempervivum wulfenii)*.

Abb. 236　Silberdistel *(Carlina acaulis)*.

Abb. 240　Großblütiges Fingerkraut *(Potentilla grandiflora)*.

Abb. 237　Schlangenwegerich *(Plantago serpentina)*.

Abb. 238　Berg-Hauswurz *(Sempervivum montanum)*.

Abb. 241　Oranges Habichtskraut *(Hieracium aurantiacum)*.

Wimperalpenrosenheide
Rhododendretum hirsuti

Abb. 242 Im Bestand der Wimperalpenrose auf Kalkschutt kommen Legföhren auf. In den Südalpen (Gardasee) mit *Carex baldensis*, Pracht-Primel *(Primula spectabilis)* und Blaugras *(Sesleria albicans)*.

Die gewimperte Alpenrose, auch Almrausch oder Steinrose genannt *(Rhododendron hirsutum)* ist in ihrer Verbreitung auf die Kalkketten der Ostalpen (bis zum Genfersee) begrenzt. Sie stellt auch in Hinsicht auf die „zugeordnete" Waldgesellschaft und die Höhenverbreitung das Gegenstück zur Rostblättrigen Alpenrose *(Rh. ferrugineum)* dar. Wie diese ist sie als Schlußgesellschaft auf die obersten waldfreien Bereiche beschränkt, wenn sie überhaupt die Legföhrengrenze übersteigt. Sie bildet sonst vor allem den Unterwuchs der ausgedehnten Legföhrenbestände, die die subalpine Stufe der Kalkalpen beherrschen. Überall dort, wo die Wimperalpenrose in tieferen Lagen (bis etwa 1000 m herab) allein dominiert, handelt es sich entweder um klimatisch bedingte Dauergesellschaften, die sich wegen der lokalen Situation (für Latschen zu lange Schneebedeckung) nicht weiterentwickeln können, oder um Zwischenstadien in der Vegetationsabfolge (Sukzession) bei der Besiedlung einer Schutthalde.

Reine Almrauschbestände sind also eher selten, wie überhaupt in den Kalkgebirgen — auf Grund der völlig anderen Fels- und Landschaftsarchitektur (steile Felswände der Gipfel, riesige pflanzenfeindliche Verwitterungsschutthalden) — eine gut abgegrenzte Zwergstrauchstufe nicht sichtbar wird. Nach der Exposition lassen sich auf feinem Schutt 2 Entwicklungsreihen feststellen (Berchtesgaden, LIPPERT 1966). Beide gehen von der *Trisetum distichophyllum-Atamantha cretensis*-Gesellschaft aus und führen an Südhängen zu *Dryas*-Spalieren bzw. *Erica*-Initialen und endlich zum **Erico-Pinetum**

Abb. 243 Vegetationsentwicklung mit zunehmender Beruhigung eines Dolomitschuttkegels. Mosaik von Wimperalpenrosen und Legföhrengebüsch: Beide Sträucher können als Pioniere allein oder miteinander auftreten.

Abb. 244 Wimperalpenrose
(Rhododendron hirsutum).

Abb. 246 Aberraut-Kreuzkraut
(Senecio abrotanifolius).

Abb. 247 Alpenweide
(Salix alpina).

Abb. 249 Silberwurz
(Dryas octopetala).

Abb. 250 Drachenmaul
(Horminum pyrenaicum), v.a. südalpisch.

Abb. 245 Alpenbärentraube
(Arctostaphylos alpina) in Blüte.

Abb. 248 Alpenbärentraube in Frucht.

Abb. 251 Alpenbärentraube
in Herbstfärbung.

mugi, an Nordhängen entweder über Rasenpioniere *(Carex firma)* zu reiferen Böden mit Rostseggenrasen *(Caricetum ferruginei)* und zum **Rhododendro-hirsuti-Pinetum mugi** oder zu einer **Rhododendron hirsutum-Rhodothamnus chamaecistus**-Dauergesellschaft, die sich unter günstigen Bedingungen zum **Pinetum mugi** entwickeln kann. Eine ähnliche Situation beschreibt auch SMETTAN (1981) aus dem Kaisergebirge. Im Rofan (THIMM 1953) kommt es auf ebenen Karstflächen (Karrenfeldern) durch längere Schneebedeckung und Humusansammlung zur Bodenversauerung, sodaß die Rostalpenrose *(Rh. ferrugineum)* einwandert und mit der Wimperalpenrose Bastarde bildet *(Rh. intermedium).*

Pflanzengesellschaften

(1600-2000 m). An der Latschengrenze und in Dauergesellschaften Hochstauden mit *Adenostyles glabra, Valeriana montana, Rumex scutatus, Gymnocarpium robertianum, Carex ferruginea, Pedicularis rostrato-spicata.* Im Lärchenbereich (Weidegang) grasreiche Ausbildungen mit *Sesleria varia, Erica herbacea, Daphne striata, Rhodothamnus chamaecistus, Sorbus chamaemespilus, Helianthemum grandiflorum, Arctostaphylos alpina, Pinguicula alpina, Biscutella laevigata.* Mit zunehmender Versauerung des Bodens können Heidelbeere, *Homogyne alpina, Luzula sylvatica* und Moose *(Hylocomium)* aufkommen.

Abb. 253   Zwergalpenrose *(Rhodothamnus chamaecistus).*

Abb. 252
Zwergalpenrosen-Gesellschaft
(Rhodothamnus chamaecistus)
Gestreifter Seidelbast *(Daphne striata)*
Aurikel*(Primula auricula)*
Schneeheide *(Erica herbacea)*
Alpenbärentraube
(Arctostaphylos alpina)

Bestandesstruktur
Bioklima
Boden

Zwergstrauchheide

	Alpenrosenheide *Rhododendro- ferruginei- Vaccinietum*	**Beerenheide** *Empetro- Vaccinietum uliginosi*

		Alpenrosenheide	Beerenheide
Schwerpunkt der Höhenverbreitung		1800–2200 (2500)	1900–2400 (2600)
Mittlere Artenzahl (Verbands-Charakterarten)		30 (18)	30 (9)
Standorts-Charakter		alle Expos., voller Schneeschutz nötig (Frosttrocknis)	feuchte Schatthänge, ausreichend Schneeschutz
Schneedecke (Monate)		lang unter Schnee 6–7	Schnee weniger lang 5–6
Schneefreie Zeit (Monate)		5–6	6–7
Produktionszeit (Monate)		4 (immergrün)	4 teilweise sommergrün
Phytomasse (Trockengewicht g/m²)	oberirdisch Streu unterirdisch Gesamtvorrat	4100–4400 670– 720	1200–1400 500– 800 4000 6000
Bodentiefe in cm		tiefgründig 100–150	tiefgründig 50–70
pH-Spanne des Oberbodens		(3)4(4,8)	(3–)4
Humusgehalt des Oberbodens (Gew.%)		25–80 Rohhumus	25–85 Rohhumus
Häufiger Bodentyp		(Eisen-)Humuspodsol	(Eisen-)Humuspodsol

Zwergwacholder-Bärentraubenheide *Junipero-Arctostaphyletum callunetosum*	**Gemsheide** *Loiseleurietum*	**Almrauschheide** *Rhododendro hirsuti-Vaccinietum myrtilli*	**Hochstaudenfluren** *Adenostylo-Cicerbitetum*

Diese Schnittdarstellung zeigt eine Polsterform der Gemsheide. Hier können sich Humushorizonte aufbauen.

1500–2300 (2400)	2100–2300 (1500–2600)	1800–2000 (2200)	1600–2000
30(10)	25(15)	25(12)	30(6)
Sonnlagen, Steilhänge trockenwarm	sehr windexponiert günstiges Bioklima	Sonn- und Schatthänge, besonders Kalkschutt; Schneeschutz	frische bis feuchte, nährstoffreiche Böden; Lawinenzüge
früh ausapernd –5	kaum Schneeschutz 3	Schneeschutz 7	lange Schneebedeckung 6–7
	7(5-10)	5	5–6
5	4–5	4	4–5
	800–1200 1000 860–2800 2600–5000		
flachgründig, humusärmer 30	± flachgründig 5–10(bis 50)	± flachgründig 10–30	tiefgründig bis über 100
4	4,4(3,8–5,7)	4–5	
80 Rohhumus	15–60 *(Alectoriatyp)* 35–75 *(Cladoniatyp)*		
häufig Kolluvium, unreife oder gestörte, podsolige Braunerden	(Eisen-) Humuspodsol	Rendzina	Anmoorgley

Grünerlengebüsch
Alnetum viridis

Vor allem in den niederschlagsreichen Randalpen gibt es auf tonigen Böden oder auf von Schnee durchfeuchtetem Hangschutt große Flächen, die für den Bergwald meist zu naß oder zu lange schneebedeckt sind (Gefahr von Schneeschimmel), nicht aber für die Grünerle.

Der Boden ist sehr nährstoff- und feinerdereich. Er wird durch die Tätigkeit Luft-Stickstoff-bindender symbiontischer Wurzelpilze (Strahlenpilze – *Actinomyceten*) auf natürliche Weise „gedüngt".

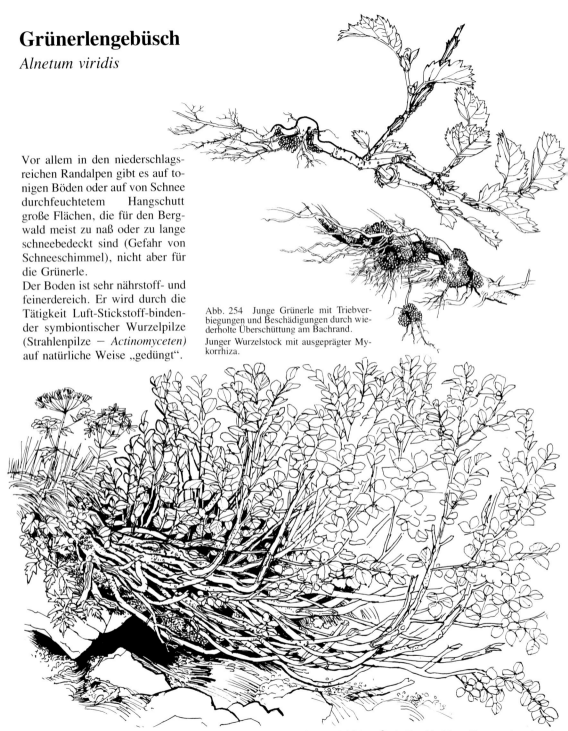

Abb. 254 Junge Grünerle mit Triebverbiegungen und Beschädigungen durch wiederholte Überschüttung am Bachrand.
Junger Wurzelstock mit ausgeprägter Mykorrhiza.

Abb. 255 Standorts- und Vegetationsstruktur im Grünerlengebüsch *((Alnetum viridis)* am Bach, über blockigem Untergrund wachsend und von Hochstauden durchsetzt.

Abb. 256 Bachbegleitende Grünerlengebüsche in der Waldstufe. Trockene Felskuppen von Legföhren bewachsen. Auf den Hängen im Hintergrund ausgedehnte Grünerlenbestände (Val di Daone, Adamello).

Abb. 257 An wasserzügigen Hängen und Lawinenbahnen ersetzen Grünerlengebüsche teilweise den Wald. Geringe Niveau- und damit Bodenfeuchteunterschiede bewirken den Wechsel zwischen Grünerlen und Legföhren.

Durch die hohe Transpiration der Blätter, die den Niederschlag weit übersteigt, ist die Grünerle nur an Stellen mit ständig gutem Wassernachschub lebensfähig. Mit der Ökologie von *Alnus viridis* hat sich RICHARD (1967, 1968, 1969) sehr eingehend beschäftigt.

In Lawinenrinnen können Grünerlensäume bis in die montane Stufe hinunterreichen. Besonders auf tonigem Untergrund besteht bei größeren Hangneigungen starke Erosionsgefahr, sodaß die Grünerle eine bedeutende Rolle als Bodenfestiger und Pionier zu erfüllen hat. Auch als „Vorholz"

Abb. 258 Männl. und weibl. Blüten der Grünerle.

bei der Wiederbewaldung aufgelassener Almflächen — bes. im Fichten-Tannen-Buchen-Wuchsgebiet ist die Grünerle wichtig (CERNUSCA 1978).

In den mittleren Südalpen zwischen Tessin und Bormio gibt es auf eher flachgründigen und trockenen Silikatfelshängen und Weiderasen Bestände einer kleinwüchsigen und kleinblättrigen Grünerle *(Alnus brembana)*, die hier offenbar als Relikt die Eiszeiten überdauert hat (LANDOLT 1993).

2400 m

Dauernde Schmelzwasserzufuhr
aus Firnresten und Gletschern

In den Blockhalden markieren
Grünerlenstreifen den Verlauf der
Schmelzwasserbäche

2200 m

In einer Felswand zeigt eine Grünerlenzeile
Feuchtigkeit an

2000 m

Am Rand markieren Lärchen
die Breite der Lawinenbahn

1800 m

Auf trockenen Fels- und Blockrückständen
wachsen Legföhrenbestände mit Lärchen

1600 m

Hanglage in einer breiteren Lawinengasse

1400 m

Legföhren zeigen trockene Standorte an

Abb. 259
**Höhenstufen
von Grünerlengebüsch**
Alnetum viridis

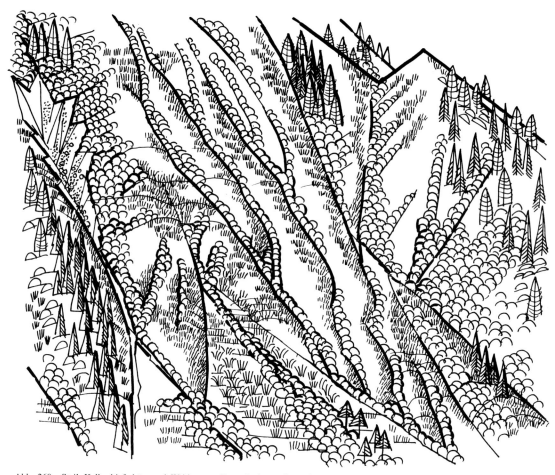

Abb. 260 Steile Kalkschieferhänge mit Weiderasen; Grünerlenbestände nur in den Bachrinnen; im Oberlauf der Bäche (links oben) zerstört rückschreitende Erosion durch Hangabbrüche die Vegetation.

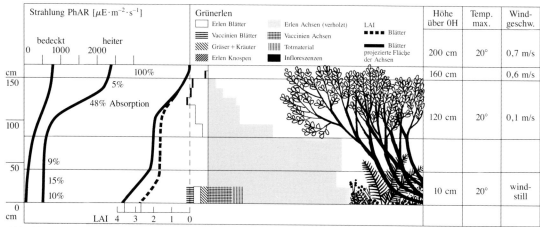

Abb. 261 Bestandesklima und Phytomasse im Grünerlengebüsch *(Alnetum viridis)*. Nach CERNUSCA 1978.

Abb. 262 Heilsglöckchen *(Cortusa matthioli)* und Gelbes Veilchen *(Viola biflora)* im Unterwuchs des Grünerlengebüschs.

Pflanzengesellschaften

Die Grünerlen bilden meist einförmige Dauergesellschaften von 3-4 m Höhe, in deren Unterwuchs, bes. aber in Lichtungen und als Bachsäume oft üppige Hochstaudenfluren entwickelt sind.

Außer der dominanten Grünerle sind in der Strauchschicht v.a. höherwüchsige Weiden wie *Salix appendiculata, S. pentandra, S. nigricans, S. waldsteiniana,* und *S. glabra* vertreten, die als eigene, nur knapp 1 m hohe Gebüsche dominieren können **(Salicetum waldsteinianae).** Vereinzelt treten auch Eberesche, Bergahorn, Birke, Rolstalpenrose und Heidelbeere im Grünerlengebüsch auf. Der Unterwuchs setzt sich je nach Lichtangebot und Bodennässe aus einem bunten Gemisch von Hochstauden zusammen, deren ökologische Ansprüche mit denen der Grünerle übereinstimmen, bes. was die Feuchtigkeit und den Nährstoffgehalt des Bodens betrifft. Wir können daher hier auf die Artenliste der ungedüngten Hochstaudenfluren verweisen, mit denen die Grünerlen floristisch und ökologisch eng verbunden sind. In jenen Erlenbeständen, die nur vorübergehende Entwicklungsstadien auf dem Weg von aufgelassenen Almflächen zum Wald darstellen, kann der Unterwuchs auch ganz anders aussehen, etwa mit dominanter Rostalpenrose *(Rh. ferrugineum)* oder mit Rostsegge *(Carex ferruginea).*

Hochstaudenfluren
Adenostylo-Cicerbitetum

Die Hochstaudenfluren sind Dauergesellschaften, die an die besonderen Lebensbedingungen der ständig feuchten, von Lawinen bestrichenen Schutthalden und Gräben angepaßt sind. Viele Vertreter gehören zur Lebensform der „Geophyten", die mit kräftigen Rhizomen oder Wurzelknospen den Winter überdauern. Zu unterscheiden ist zwischen primären und sekundären Hochstaudenfluren. An und über der Waldgrenze sind sie — bes. in den feuchten Kalkrandketten — am besten entwickelt. Manche feuchte Kare, v.a. unterhalb von nordseitigen Wandfluchten, Lawinengräben und Schneemulden, sind nicht nur für höherwüchsige Bäume, sondern sogar für die widerstandsfähigen Grünerlen- und Weidengebüsche nicht mehr oder nur zum Teil besiedelbar.

Dies sind die primären Standorte der Hochstaudenfluren. Lockerer Steinschutt mit humoser Feinerde bei meist sehr feuchtem Unterboden ermöglicht ein üppiges Wachstum saftiger großblättriger Stauden. Am stark beschatteten Boden wachsen kleinere Pflanzen wie *Viola biflora, Tozzia alpina* oder *Stellaria nemorum* und feuchte Bodenmoose. Rohhumus wird nicht gebildet, sodaß — im Gegensatz zum Grünerlengebüsch — echte Sauerbodenpflanzen meist fehlen.

Ganz anderen Umweltfaktoren verdanken sekundäre Hochstaudenfluren ihre Entstehung: Hohe Stickstoffdüngung führt dort, wo

Abb. 263 Gelber Eisenhut *(Aconitum vulparia)* und Alpendost *(Adenostyles glabra)* bilden in einer feuchten Senke eine prächtige Hochstaudenflur.

das Weidevieh lagert, zu sogenannten „Lägerfluren", d.s. Hochstaudengesellschaften, in denen durch negative Auslese jene Arten übrigbleiben, die das Vieh verschmäht, weil sie entweder ungenießbar oder giftig sind. Häufig kommen einzelne Arten zu Dominanz und Massenentfaltung, wie dies SMETTAN (1981) aus dem Kaisergebirge beschreibt. Daher ist auch eine Gliederung der sehr zahlreichen „Varianten" schwierig. SUTTER (1978) hat 4 Hochstaudengesellschaften unterschieden, die im folgenden beschrieben seien:

1. Milchlattichflur
Adenostyleto-Cicerbitetum
Häufigster Hochstaudentyp, auf Lawinenkegeln am Fuß von Felswänden, oft an Steilhängen von 30-40° Neigung, in Karstdolinen und Waldlichtungen von 1000-1600 m. Kennarten: *Cicerbita alpina, Adenostyles alliariae, Aconitum napellus, A. paniculatum, Heracleum montanum, Veratrum album, Saxifraga rotundifolia, Peucedanum ostruthium, Achillea macrophylla, Cerinthe glabra, Stellaria nemorum, Tozzia alpina, Athyrium distentifolium.* Häufige Begleiter: *Geranium sylvaticum, Chaerophyllum hirsutum, Senecio nemorensis, Rumex arifolius, Aconitum vulparia, Ranunculus platanifolius, Valeriana officinalis, Alchemilla vulgaris, Myosotis sylvatica, Cirsium helenioides, Epilobium montanum, Streptopus amplexifolius, Dryopteris dilatata, Geum rivale.*

2. Alpenmannstreu-Alpenschartenflur
Eryngio-Centauretum rhaponticae
In kalkreichen Schutthängen in Südlage, die von Lawinenschnee durchfeuchtet bleiben. Nicht häu-

Abb. 264 Blauer Eisenhut
(Aconitum napellus).

Abb. 267 Pannonischer Enzian
(Gentiana pannonica).

Abb. 265 Alpendost
(Adenostyles alliariae).

Abb. 268 Alpen-Milchlattich
(Cicerbita alpina).

Abb. 266 Alpenscharte
(Leuzea rhapontica).

fig! (bes. Westalpen). *Leuzea rhapontica* (= *Rhapoicum scariosum*), *Eryngium alpinum* (Westalpen, Südostalpen), *Laserpitium latifolium, Carduus defloratus, Astragalus penduliflorus, Pedicularis foliosa, Senecio doronicum, Hieracium prenanthoides, Dracocephalum ruyschiana,* gelegentlich *Molopospermum peloponnesiacum.* Es fehlen *Cicerbita alpina* und *Adenostyles alliariae.*

3. Ritterspornflur
Delphinietum elati
Diese prachtvolle Hochstaudenflur wächst auf Blockschutt in nordseitigen Lawinenrunsen auf stickstoffreichen Böden (Düngerzufuhr), nicht häufig! *Delphinium elatum, Poa hybrida, Silene dioica, Cirsium oleraceum, Ranunculus lanuginosus, Epilobium anagallidifolium* u.a.

Abb. 269 Zwischen Grünerlen gedeihen üppige Hochstaudenfluren mit Alpendost *(Adenostyles alliariae)*, Meisterwurz *(Peucedanum ostruthium)*, Milchlattich *(Cicerbita alpina)* und Frauenfarn *(Athyrium filix-femina)*.

Abb. 270 Schnitt durch artenreiche Hochstaudenflur im Unterwuchs eines Grünerlenbestandes.

Abb. 271 Reichblühende Hochstaudenflur mit Blauem Eisenhut *(Aconitum napellus)*, Leimkraut *(Silene vulgaris)*, Alpendost *(Adenostyles alliariae)*, Schlangenknöterich *(Polygonum bistorta)*, Witwenblume *(Knautia sylvatica)*, Waldschmiele *(Deschampsia caespitosa)*.

Abb. 272 Große Wiesenraute
(Thalictrum aquilegifolium).

Abb. 273 Alpenmannstreu
(Eryngium alpinum).

Abb. 274 Großblütiger Fingerhut
(Digitalis grandiflora).

4. Kratzdistel-Lägerflur
Cirsietum spinosissimi

Diese typische Viehlägerflur reicht bis in die alpine Stufe (über 2400 m), wo im feuchten Moränenschutt vielleicht ihre ursprünglichen Standorte liegen. *Aconitum napellus, Poa alpina, Phleum alpinum, Deschampsia caespitosa, Veratrum album, Senecio subalpinus, Myosotis alpestris, Peucedanum ostruthium.* Brennessel und Alpenampfer *(Rumex alpinus)* bilden um Almhütten oft eigene „Mistfluren".

Hochstaudenfluren der Waldschläge, die bis in die subalpine Stufe emporsteigen können:

Fingerhutflur
Calamagrostio-Digitalietum grandiflorae

Als Besiedler von Waldschlägen oder -säumen in Europa auch in tieferen Lagen weit verbreitet, steigt diese schöne Pflanze in den Innenalpen an warmen Hängen, bes. auf Silikatgrobschutt aus natürlich waldfreien Lawinenbahnen bis über die Waldgrenze und bildet blumenreiche Mosaike mit Schutt- und Felspflanzen.

Weidenröschenflur
Epilobietum angustifoliae

Wer Anfang Juli in die inneren Alpentäler fährt, wird die herrlichen roten Blütenkerzen des Weidenröschens bewundern, die im Schutt der Straßenböschungen und im Wildbach-begleitenden Blockwerk bis in die Waldlichtungen hinein den Weg säumen. Auf Silikatblockschutt steigt *Epilobium angustifolium* an wärmeren Hängen bis in die unteralpine Zwergstrauchstufe der Wacholder- und Bärentraubenheiden hinauf, wo es mit wenigen Schuttsiedlern wie Rollfarn *(Cryptogramma crispa)* und Gamshaar *(Juncus trifidus)* zusammen eine bezeichnende Gesellschaft bildet.

Die unvergleichliche Fülle und Schönheit mancher Hochstaudenfluren mit Rittersporn und Fingerhut, Alpenscharte und Eisenhut, Mannstreu und Meisterwurz läßt an eine Verbindung denken zwischen frei sich entfaltendem Wachstum und dem Gestaltungswunsch des Gärtners: ein Blütengarten, den nicht Menschenhand, sondern die Natur selbst geschaffen hat.

Uralte Wetterzirben in der Beerenheide, blühende Alpenrosenhänge in denen noch Kleinformen von Lärchen stehen, Blumenmatten mit Heidekraut und Wacholdergesträuch — jede Pflanzengemeinschaft ist Ausdruck vielfältiger Wachstumsbeziehungen im Lebensraum Bergwald.

Abb. 275   Weidenröschen-Gesellschaft *(Epilobium angustifolium)* auf Silikat-Grobblockhalde.

Literatur

AICHINGER E. 1952/53: Die Rotbuchenwälder als Waldentwicklungstypen. – Angew. Pfl. soz. V/VI.

AICHINGER E. 1952/53: Die Fichtenwälder u. Fichtenforste als Waldentwicklungstypen. – Angew. Pfl. soz. VII.

AICHINGER E. 1956: Die *Calluna*-Heiden und die *Erica carnea*-Heiden. – Angew. Pfl. soz. XII.

AICHINGER E. 1957: Die Zwergstrauchheiden als Waldentwicklungstypen. – Angew. Pfl. soz. XIII/XIV.

AULITZKY H. 1961a: Die Bodentemperaturen in der Kampfzone oberhalb der Waldgrenze.

AULITZKY H. 1961b: Lufttemperatur und Luftfeuchtigkeit.

AULITZKY H. 1961c: Über die Windverhältnisse einer zentralalpinen Hangstation in der subalpinen Stufe zum Zwecke der Hochlagenaufforstung. – Mitt. forstl. Bundes Versuchsanst. H. 59.

AULITZKY H. 1963: Grundlagen und Anwendung des vorläufigen Wind-Schneeökogrammes. – Mitt. Forstl.Bundes Versuchsanst.Mariabrunn, Wien.

BAHN M., CERNUSCA A., et al. 1994: Bestandesstruktur und Ökophysiologie von Grünerlen unterschiedlichen Alters. – Verh.Ges.Ökol. 23.

BARBERO M. 1968: A propos de pélouses écorchées des Alpes maritimes et ligures. – Bull.Soc.Bot.France 115.

BARBERO M. & BONO G. 1970: Les Sapinières des Alpes maritimes. – Veröff.Inst.Rübel 43.

BARBERO M. & OZENDA P. 1979: Carte de la végétation potentielle des Alpes piemontaises á 1/400000.

BARTOLI CH. 1962: Premiére note sur les assoziations forestiéres du massif de la Grande-Chartreuse. – Ann.Ecol.nat.Eaux et Forets, Nancy XIX.

BONO G. & M. BARBERO 1971: A propos des cembraies de Alpes cotiennes. – Allionia 17.

BONO G. & M. BARBERO 1976: Carta ecologica della Provincia di Cuneo. – Doc.Cart.ecol.XVII, Grenoble.

BRAUN-BLANQUET J., H. PALLMANN & R. BACH 1954: Vegetation und Böden der Wald- und Zwergstrauchgesellschaften (*Vaccinio-Piceetalia*). – Ergebn.Wiss.Unters. d. Schweiz. Nat. Parks, Bd. 4.

CERNUSCA A. 1976a: Bestandesstruktur, Bioklima und Energiehaushalt von alpinen Zwergstrauchbeständen. – Oecol.Plant. 11.

CERNUSCA A. 1976b: Energie- und Wasserhaushalt eines alpinen Zwergstrauchbestandes während einer Föhnperiode. – Arch.Met.Geophys.Biokl.Ser.B, 24.

CERNUSCA A. 1986: Ökologische Auswirkungen des Baues und Betriebes von Skipisten und Empfehlungen zur Reduktion der Umweltschäden. – Samml.Naturschutz 33, Europarat.

CERNUSCA A., M. SEEBER, R. MAYR, A. HORVATH 1978: Bestandesstruktur, Mikroklima und Energiehaushalt von bewirtschafteten und aufgelassenen Almflächen im Gasteinertal. – Veröff.Öst.MAB-Hochgebirgsprogr.Hohe Tauern Bd. 2, Wagner Innsbruck.

CLARK J. 1961: Photosynthesis and respiration in white spruce and balsam fir. – State Univ.Coll.For.Syracuse N.Y.

CONTINI L. & Y. LAVARELO 1982: Le Pin Cembro. – Inst.nat.de la réch.agron., Paris.

ELLENBERG H. 1996: Lokale bis regionale Waldschäden sind Realitäten, das allgemeine Waldsterben bisher ein Konstrukt. – Oecologia 26.

FISCHER F., P. SCHMID & B.R. HUGHES 1959: Anzahl und Verteilung der in der Schneedecke angesammelten Fichtensamen. – Mitt.Schweiz. Anst. Forstl. Versuchswesen 35.

FRIEDEL H. 1961: Schneedeckendauer und Vegetationsverteilung im Gelände. – Mitt.Forstl.Bundes Versuchsanst. Wien, Bd. 59.

FRIEDEL H. 1967: Verlauf der alpinen Waldgrenze im Rahmen anliegender Gebirgsgelände. – Mitt.Forstl.Bundes Versuchsanst. Wien, Bd. 75.

GAMS H. 1954a: Das Verschwinden von Gehölzen aus den Alpen während des Eiszeitalters. – Angew. Pfl. soz. I.

GAMS H 1954b: Die Zedernwälder der Alpen. – Der Bergsteiger, München, H. 21.

GAZZARINI C. 1988: Bestandesstruktur und Strahlungsextinktion von Zwergstrauchbeständen (*Vaccinium myrtillus* u. *Rhododendron ferrugineum*) an der alpinen Waldgrenze. – Diss.Univ.Innsbruck.

GÖBL F. 1965: Untersuchungen von Mykorrhizen von Zirbe und Fichte in Forstgärten. – Mitt.Forstl.Bundes Versuchsanst. Wien, Bd. 66.

GRABHERR G. 1977: Der CO_2-Haushalt des immergrünen Zwergstrauchs *Loiseleuria procumbens* in Abhängigkeit von Strahlung, Temperatur, Wasserstreß und phänologischem Zustand. – Photosynthetica 11.

HASELWANDTER K. 1987: Mycorrhizal infection and its possible significance in climatically and nutritionally stressed alpine plant communities. – Angew. Botanik

HASELWANDTER K. 1997: Soil microorganisms, mycorrhiza and restoration ecology. – In: Urbanska K., Webb N. & P. Edwards: Restoration ecology and sustainable development. – Cambridge University Press.

HAUPT W. 1983: Die aktuelle Vegetation der östl. Lechtaler Alpen. I. – Veröff.Museum Ferdinandeum Innsbruck 63.

HAVRANEK W.M. 1981: Stammatmung, Dickenwachstum und Photosynthese einer Zirbe (*Pinus cembra*) an der Waldgrenze. – Mitt. Forstl. Bundesvers. Anst. Wien 142, 2.

HEISELMAYER P. 1977: Die Wälder im Hinteren Kleinarltal – Zeugen einer wärmeren Klimaepoche. – Mitt. Ges. Salzb. Landeskde. Bd. 117.

KLEBELSBERG R. 1961: Höhengrenze der Nadelbäume in den Ostalpen. – AV-Jahrbuch 26.

KÖRNER CH. 1998a: A re-assessment of high elevation treeline positions and their explanation. – Oecologia 115.

KÖRNER CH. 1998b: Worldwide positions of alpine treelines and their causes. – In: Beniston M. & J.L. Innes: The impacts of climate variability on forests. Springer.

KRONFUSS G., POLLE A., et al. 1998: Effects of ozon... . – In: Trees 12. Springer.

KUHN M. 1990: Klimaänderungen: Treibhauseffekt und Ozon. – Kulturverlag, Thaur/Austria.

KUOCH R. & R. AMIET 1970: Die Verjüngung im Bereich der oberen Waldgrenze der Alpen. – Mitt.Schweiz.Anst.f.forstl.Versuchswesen, Bd. 46(4).

LACOSTE A. 1972: La végetation de l'étage subalpin du bassin supérieur de la Tinée (Alpes-Maritimes). – Thèse Paris Orsay.

LAND TIROL, Amt der Tiroler Landesregierung 1998: Zustand der Tiroler Wälder. – Bericht 1998.

LANDOLT E. 1993: Die systematische und pflanzensoziologische Stellung von *Alnus brembana* in den mittleren Südalpen. – Fragm.Flor.Geobot.Supl. 2, 2.

LARCHER W. 1957: Frosttrocknis an der Waldgrenze und in der alpinen Zwergstrauchheide auf dem Patscherkofel bei Innsbruck. – Veröff.Mus.Ferd.Innsbruck H. 37.

LARCHER W. 1963: Zur spätwinterlichen Erschwerung der Wasserbilanz von Holzpflanzen an der Waldgrenze. – Ber.naturwiss.-med.Ver. Innsbruck 63.

LARCHER W. 1977: Ergebnisse des IBP-Projekts "Zwergstrauchheide Patscherkofel". – Sitz.Ber.Österr.Ak.d.Wiss., math.-nat.Kl.Abt.I, 186.

LARCHER W. 1980: Klimastreß im Gebirge. – Adaptationstraining und Selektionsfilter für Pflanzen. – Rhein.westf.Akad.Wiss.Vorträge Nr. 291.

LARCHER W. 1983: Ökophysiologische Konstitutionseigenschaften von Gebirgspflanzen. – Ber.Dtsch.Bot.Ges. Bd. 96.

LARCHER W. & R. SIEGWOLF 1985: Development of acute frost drought in *Rhododendron ferrugineum* at the alpine timberline. – Oecologia 67.

LIPPERT W. 1966: Die Pflanzengesellschaften des Naturschutzgebietes Berchtesgaden. – Ber.Bayr.Bot.Ges. 39.

MAYER H. 1975: Die Tanne. – Jahrb.d.Ver.z.Schutz d. Alpenpfl. u.-tiere.

MOOR M. 1952: Die Fagion-Gesellschaften im Schweizer Jura. – Beitr.z.geobot.Landesaufnahme der Schweiz H. 31.

MOSER L. 1960: Verbreitung und Bedeutung der Zirbe im italienischen Alpengebiet. – Jahrb.d.Ver.z.Schutz d. Alpenpfl. u.-tiere 25.

NEUWINGER I. & A. CZELL 1961: Böden in den Tiroler Zentralpen. – Mitt.Forstl.Bu.Versuchsanst., Wien H. 59.

NEUWINGER I. 1970: Böden der subalpinen und alpinen Stufe in den Tiroler Alpen. – Mitt. Ostalpin-din.Ges.f.Vegetationskunde H. 11.

NEUWINGER I. 1987: Bodenökologische Untersuchungen im Gebiet Obergurgler Zirbenwald – Hohe Mut. – MAB-Projekt Obergurgl Veröff.Österr.MAB Progr.Bd. 10.

OSWALD H. 1963: Verteilung und Zuwachs der Zirbe. – Mitt.Forstl.Bundes Versuchsanst. Wien H. 60.

OZENDA P. & H. WAGNER 1975: Les séries de végétation de la chaîne alpine et leurs équivalences dans les autres systèmes phytogéographiques. – Doc.Cart.

OZENDA P. 1979: Sur la correspondance entre les Hetraies atlantiques et submèditerraneennes. – Doc.phytosoc.IV.

PISEK A. & R. SCHIESSL 1946: Die Temperaturbeeinflußbarkeit der Frosthärte von Nadelhölzern und Zwergsträuchern an der alpinen Waldgrenze. – Ber.naturwiss.-med.Ver. Innsbruck 47.

PISEK A. & E. WINKLER 1958: Assimilationsvermögen und Respiration der Fichte (*Picea excelsa*) in verschiedener Höhenlage und der Zirbe (*Pinus cembra*) an der alpinen Waldgrenze. – Planta 53.

PISEK A., W. LARCHER & R. UNTERHOLZNER 1967: Kardinale Temperaturbereiche der Photosynthese und Grenztemperaturen des Lebens der Blätter verschiedener Spermatophyten. – Flora Abt.B, 157.

RICHARD L. 1967: L'aire de répartition de l'Aune vert. – Doc.Cart.Veg.Alpes V.

RICHARD L. 1968: Ecologie de l'Aune vert. – Doc.Cart.Veg.Alpes VI.

RICHARD L. 1969: Une interprétation écophysiologique de la répartition de l'Aune vert. – Doc.Cart.Veg.Alpes VII.

ROHMEDER E. 1941: Die Zirbelkiefer (*Pinus cembra*) als Hochgebirgsbaum. – Jahrb.d.Ver.z.Schutze d.Alpenpfl.u.-tiere 13.

SCHWARZ W. 1968: Der Einfluß der Tageslänge auf die Frosthärte, die Hitzeresistenz und das Photosynthesevermögen von Zirben und Alpenrosen. – Diss.Univ.Innsbruck.

SCHWEINGRUBER F.H. 1972: Die subalpinen Zwergstrauchgesellschaften im Einzugsgebiet der Aare. – Inst.Suisse de Rech.forest. 48.

SIEGWOLF R. & A. CERNUSCA 1984: CO_2-Gaswechsel von *Rhododendron ferrugineum* an der alpinen Waldgrenze. – Verhandl.Ges.Ökol., Bd. XII.

SMITH S.E. & D.J. READ 1997: Mycorrhizal Symbiosis. Academic Press.

STERN R. 1979: Alter und Struktur von Zirbenwäldern. – Allg.Forstzeitung 90, 7.

SUTTER R. 1979: Sind die *Centaurea rhapontica*- und die *Delphinium elatum*-Hochstaudenfluren Assoziationen? – Mitt.Ostalpin.din.Ges.Vegetationskunde H. 14.

SUTTER R. 1982: Zur Flora und Vegetation der Karstlandschaft des Muotatales. – Ber.Schw.Naturf.Ges.H. 8.

TRANQUILLINI W. 1959: Die Stoffproduktion der Zirbe (*Pinus cembra*) an der Waldgrenze während eines Jahres. – Planta 1954.

TRANQUILLINI W. 1962: Beitrag zur Kausalanalyse des Wettbewerbs ökologisch verschiedener Holzarten. – Ber. Deutsch. Bot. Ges. 75.

TRANQUILLINI W. & A. PLANK 1989: Ökophysiologische Untersuchungen an Rotbuchen (*Fagus sylvatica*) in verschiedenen Höhenlagen Nord- und Südtirols. – Zentralbl. f. d. ges. Forstwesen, 106 Jg.

TSCHERMAK L. 1935: Die natürliche Verbreitung der Lärche in den Ostalpen. – Mitt. Forstl. Versuchsanst. 43.

TURNER H. 1961: Die Niederschlags- und Schneeverhältnisse. – Mitt.Forstl.Bundes Versuchsanst.Mariabrunn H. 59.

TURNER H. 1970: Grundzüge der Hochgebirgsklimatologie. – In: Die Welt der Alpen, Pinguin Verl.Innsbruck.

TURNER H. & P. BLASER 1977: Mikroklima, Boden und Pflanzen an der oberen Waldgrenze. – Eidgen.Anst.f.forstl.Versuchswesen, Ber. 173.

TURNER H. & A. STREULE 1983: Wurzelwachstum und Sproßentwicklung junger Koniferen im Klimastreß an der alpinen Waldgrenze. – Intern.Symp.Gumpenstein 1982, Irdning.

VARESCHI V. 1931: Die Gehölztypen des oberen Isartales. – Ber.naturwiss.-med.Ver. Innsbruck 42.

WAGNER H. 1966: Ostalpen-Westalpen: Ein pflanzengeographischer Vergleich. – Angew.Pfl.soz. 18/19.

WAGNER H. 1970: Zur Abgrenzung der subalpinen gegen die alpine Stufe. – Mitt.Ostalpin.Ges.f.Vegetationskunde H. 11.

WENDELBERGER G. 1971: Die Pflanzengesellschaften des Rax-Plateaus. – Mitt. Naturwiss. Ver. Steiermark, Bd. 100.

WINKLER E. & W. MOSER 1967: Die Vegetationszeit in zentralalpinen Lagen Tirols in Abhängigkeit von der Temperatur- und Niederschlagsverhältnissen. – Veröff.Mus.Ferd.Innsbruck H. 47.

Größere Werke zur Flora, Vegetation und Ökologie

AICHINGER E. 1933: Vegetationskunde der Karawanken. – Fischer Jena.

CERNUSCA A. & U. TAPPEINER 1999: ECOMONT-Ecological effects of land-use changes in Mountain areas of Europe. – Blackwell Berlin-Wien.

DÄSSLER H.-G. 1991: Einfluß von Luftverunreinigungen auf die Vegetation. – 4.Aufl. Fischer Jena.

ELLENBERG H. 1996: Vegetation Mitteleuropas mit den Alpen. – Ulmer Stuttgart.

ELLENBERG H. & F. KLÖTZLI 1972: Waldgesellschaften und Waldstandorte der Schweiz. – Mitt.Schweiz.Anst.f.d.forstl.Versuchswesen Bd. 48, H. 4.

FRANZ H. 1979: Ökologie der Hochgebirge. – Ulmer Stuttgart.

FRENZEL B., et al. 1972: Vegetationsgeschichte der Alpen. – Fischer Stuttgart.

FROMME G. 1957: Der Waldrückgang im oberen Inntal (Tirol). – Mitt.Forstl.Bundes Versuchsanst.Wien H. 54.

FOURNIER P. 1977: Les quatres flores de la France. – Ed. Lechevalier Paris.

GENSAC P. 1970: Les pessières de Tarentaise comparées aux autres pessières alpestres. – Veröff.Geobot.Inst.ETH, 43.

GRABHERR G. & A. POLATSCHEK 1986: Lebensräume und Flora Vorarlbergs. – Vorarlb.Verlagsanstalt Dornbirn.

GRABHERR G. & L. MUCINA (Hrsg.) 1993: Die Pflanzengesellschaften Österreichs. – Fischer Stuttgart.

GRABHERR G. 1997: Farbatlas der Ökosysteme der Erde. – Ulmer Stuttgart.

GRAČANIN Z. 1972: Die Böden der Alpen. – In: Bodengeographie, Kochler Stuttgart.

GREY-WILSON C. & M. BLAMEY 1980: Parey's Bergblumenbuch. – Parey Berlin.

HARTMANN G., F. NIENHAUS & H. BUTIN 1988: Farbatlas Waldschäden. – Ulmer Stuttgart.

HEGI G., H. MERXMÜLLER & H. REISIGL 1977: Kleine Alpenflora. 25.Aufl. – Parey Berlin.

HESS H.E., E. LANDOLT & R. HIRZEL 1957-73: Flora der Schweiz, 3 Bde. – Birkhäuser Basel.

HOLTMEIER F.-K. 1974: Geoökologische Beobachtungen und Studien an der subarktisch-alpinen Waldgrenze in vergleichender Sicht. – Erdwiss.Forsch.Bd.VIII. Steiner Wiebaden.

KINZEL H. 1982: Pflanzenökologie und Mineralstoffwechsel. – Ulmer Stuttgart.

KLAUS W. 1986: Einführung in die Paläobotanik, Bd. II: Erdgeschichtliche Entwicklung der Pflanzen. – Deuticke Wien.

KRAL F. 1979: Spät- und postglaziale Waldgeschichte der Alpen auf Grund der bisherigen Pollenanalysen. – Veröff. d. Inst. f. Waldbau, Univ.f.BOKU Wien.

KÜSTER H.J. 1998: Geschichte des Waldes von der Urzeit bis zur Gegenwart. – C.H. Beck München.

LANG G. 1994: Quartäre Vegetationsgeschichte Europas. – Fischer Stuttgart.

LARCHER W. 1985: Schädigung der Pflanzen durch Frost. – Handbuch der Pflanzenkrankheiten Bd. 1. – Parey-Verlag.

LARCHER W. 1994: Ökophysiologie der Pflanzen. 5.Aufl. – Ulmer Stuttgart.

LIPPERT W. 1987: Fotoatlas der Alpenblumen. – Gräfe & Unzer München.

LIPPERT W. 1987: GU-Alpenblumenkompaß. - Gräfe & Unzer München.

LYR H., FIEDLER H.-J. & W. TRANQUILLINI 1991: Physiologie und Ökologie der Gehölze. – Fischer Stuttgart.

MAYER H. 1969: Tannenreiche Wälder am Südabfall der Mittleren Ostalpen. – BLV.

MAYER H. 1974: Wälder des Ostalpenraumes. – Fischer Stuttgart.

MAYER H. 1984: Wälder Europas. – Fischer Stuttgart.

MAYER H. 1986: Europäische Wälder. – UTB 1386, Fischer Stuttgart.

MICHAEL E., B. HENNIG & H. KREISEL 1983-89: Handbuch der Pilzfreunde. 5 Bde. – Fischer Jena.

OBERDORFER E. 1978: Süddeutsche Pflanzengesellschaften. – Fischer Jena.

OZENDA P. 1981: Végétation des Alpes sud-occidentales. – Centre Nat.Rech.Scient., Paris.

OZENDA P. 1988: Die Vegetation der Alpen im europäischen Gebirgsraum. – Fischer Stuttgart.

PALLMANN H. & P. HAFFTER 1933: Pflanzensoziologisch-bodenkundliche Untersuchungen im oberen Engadin mit bes. Berücksichtigung der Zwergstrauchgesellschaften der Ordnung *Rhododendro-Vaccinietalia*. –Ber.Schweiz.Bot.Ges. 42, A.2.

PEER TH. 1983: Lebensräume in Südtirol. Die Pflanzenwelt. – Athesia Bozen.

PIGNATTI S. 1982: Flora d'Italia, 3 Bde. – Edagricole Bologna.

POTT R. 1993: Farbatlas Waldlandschaften. – Ulmer Stuttgart.

REISIGL H. & R. KELLER 1995: Guida al Bosco di Montagna. – Zanichelli Bologna.

REISIGL H. & R. KELLER 1987: Alpenpflanzen im Lebensraum. – Fischer Stuttgart.

SAKAI A. & W. LARCHER 1987: Frost survival of plants. – Ecol.Stud. 52, Springer Berlin.

SCHEFFER-SCHACHTSCHABEL 1984: Lehrbuch der Bodenkunde. 11. Aufl. – Enke Stuttgart.

SCHIECHTL H.M. & R. STERN 1975-84: Die Zirbe in den Ostalpen I.-IV. – Angew.Pfl.soz., Veröff.Bundes Versuchsanst. Wien H. 22, 24, 27, 28.

SCHROETER C. 1926: Das Pflanzenleben der Alpen. – Raustein Zürich.

SMETTAN H. 1981: Die Pflanzengesellschaften des Kaisergebirges/Tirol. – Ver.z.Schutz der Bergwelt, Jubiläumsausgabe.

THIMM I. 1953: Die Vegetation des Sonnwendgebirges (Rofan), Tirol. – Schlernschriften Bd. 118, Innsbruck.

TRANQUILLINI W. 1979: Physiological ecology of the alpine timberline. – Ecol.Stud. 31, Springer Berlin.

TUTIN G. & V.H. HEYWOOD 1964-80: Flora europaea. 5 Bde. – University Press Cambridge.

WAGNER H. 1985: Die Pflanzendecke Österreichs. Erläuterungen zur Vegetationskarte. – In: Österreich-Atlas.

WALTER H. & S.W. BRECKLE 1986: Ökologie der Erde Bd.3: Spezielle Ökologie der gemäßten Zonen Euro-Nordasiens. – UTB Große Reihe, Fischer Stuttgart.

ZUKRIGL K. 1973: Montane und subalpine Waldgesellschaften am Alpenostrand. – Mitt. forst. Bundes Versuchsanst. Wien 101.

Bildnachweis

Alle Fotos: H. Reisigl mit Ausnahme von
Abb. 19 J. Thien
Abb. 75 P. Zwerger
Abb. 137 F. Göbl
Abb. 154 E. Hofer
Alle Zeichnungen und grafischen Darstellungen: R. Keller

Register
Deutsche und *lateinische* Pflanzennamen

Akelei *Aquilegia* 52
Allermannsharnisch *Allium* 120
Alpenanemone *Pulsatilla* 99
Alpenbärentraube
 Arctostaphylos 124
Alpenfettkraut *Pinguicula* 125
Alpenlattich *Homogyne* 63
Alpenmannstreu *Eryngium* 128
Alpenmilchlattich *Cicerbita* 135
Alpenrachen *Tozzia* 134
Alpenrebe *Clematis* 84
Alpenrose *Rhododendron* 22
Alpenscharte *Leuzea* 135
Alpenveilchen *Cyclamen* 55
Alpenweide *Salix* 124
Ampfer *Rumex* 61
Aronstab *Arum* 51
Augentrost *Euphrasia* 95
Augenwurz *Athamanta* 88
Aurikel *Primula* 88
Baldrian *Valeriana* 68
Bärenklau *Heracleum* 56
Bärentraube *Arctostaphylos* 120
Bärlapp *Lycopodium* 65
 Diphasium 116
 Huperzia 63
Bärlauch *Allium* 61
Bergahorn *Acer* 61
Bergbaldrian *Valeriana* 68
Bergfarn *Thelypteris* 68
Bergkerbel *Aeracleum* 135
Bergminze *Calamintha* 63
Besenheide *Calluna* 119
Bingelkraut *Mercurialis* 51
Blaugras *Sesleria* 52
Brillenschötchen *Biscutella* 97
Buche *Fagus* 48
Buchenfarn *Thelypteris* 68
Buchsbaum *Buxus* 6
Buschwindröschen *Anemone* 51
Christophskraut *Actaea* 51
Distel *Carduus* 136
Drachenkopf
 Dracocephalum 136
Drachenmaul *Horminum* 124
Drahtschmiele *Avenella* 65
Efeu *Hedera* 51
Ehrenpreis *Veronica* 53
Eibe *Taxus* 6
Eichenfarn *Gymnocarpium* 52
Einbeere *Paris* 51
Eisenhut *Aconitum* 56
Enzian *Gentiana* 84
Erdsegge *Carex* 95
Feigwurz *Ranunculus* 51
Felsenbirne *Amelanchier* 105
Felsenmispel *Cotoneaster* 99
Ferkelkraut *Hypochoeris* 56
Fettkraut *Pinguicula* 88
Fichte *Picea* 64
Fingerkraut *Potentilla* 88
Flattergras *Milium* 51
Flockenblume *Centaurea* 51
Frauenfarn *Athyrium* 52

Frauenmantel *Alchemilla* 135
Gamander *Teucrium* 99
Gamshaar *Juncus* 138
Geißbart *Aruncus* 61
Geißblatt *Lonicera* 84
Geißklee *Cytisus* 63
Germer *Veratrum* 138
Goldregen *Laburnum* 59
Goldrute *Solidago* 117
Goldschwingel *Festuca* 99
Grünerle *Alnus* 129
Habichtskraut *Hieracium* 22
Händelwurz *Gymnadenia* 95
Hahnenfuß *Ranunculus* 61
Hainsimse *Luzula* 63
Haselwurz *Asarum* 51
Hasenlattich *Prenanthes* 51
Heckenkirsche *Lonicera* 61
Heckenrose *Rosa* 61
Heilglöckchen *Cortusa* 133
Hemlock *Tsuga* 6
Himbeere *Rubus* 61
Hohlröhrling *Boletinus* 93
Immenblatt *Melittis* 52
Johannisbeere *Ribes* 61
Kälberkropf *Chaerophyllum* 56
Kastanie *Castanea* 6
Kerbel *Anthriscus* 61
Knotenfuß *Streptopus* 61
Krähenbeere *Empetrum* 114
Kratzdistel *Cirsium* 63
Kreuzkraut *Senecio* 61
Kronwicke *Coronilla* 52
Kugelblume *Globularia* 22
Labkraut *Galium* 53
Lärche *Larix* 86
Lärchenröhrling *Suillus* 93
Läusekraut *Pedicularis* 97
Latsche *Pinus* 100
Leberblümchen *Hepatica* 50
Lerchensporn *Corydalis* 51
Lieschgras *Phleum* 88
Löwenzahn *Leontodon* 95
Lungenkraut *Pulmonaria* 61
Madaun *Ligusticum* 113
Magnolie *Magnolia* 6
Mammutbaum *Sequoia* 6
Mannstreu *Eryngium* 99
Maßliebchen *Bellidiastrum* 98
Meerträubel *Ephedra* 10
Mehlbeere *Sorbus* 52
Meisterwurz *Peucedanum* 135
Milchlattich *Cicerbita* 135
Moosglöckchen *Linnaea* 84
Nachtnelke *Silene* 136
Nelkenwurz *Geum* 135
Nesselkönig *Lamium* 61
Perlgras *Melica* 51
Pestwurz *Petasites* 61
Pfingstrose *Paeonia* 50
Pippau *Crepis* 56
Polstersegge *Carex* 99
Preiselbeere *Vaccinium* 114
Rauschbeere *Vaccinium* 115

Reitgras *Calamagrostis* 99
Renntierflechte *Cladonia* 96
Rippenfarn *Blechnum* 63
Rispengras *Poa* 135
Rittersporn *Delphinium* 136
Rollfarn *Cryptogramme* 135
Rotstengelmoos *Pleurozium* 84
Rührmichnichtan *Impatiens* 66
Runzelbruder
 Rhytidiadelphus 84
Salomonssiegel *Polygonatum* 52
Sanikel *Sanicula* 53
Sauerampfer *Rumex* 61
Sauerklee *Oxalis* 66
Schafgarbe *Achillea* 63
Schaftdolde *Hacquetia* 51
Schildfarn *Polystichum* 52
Schlangenknöterich
 Polygonum 99
Schlangenwegerich *Plantago* 121
Schmiele *Deschampsia* 138
Schneckling *Hygrophorus* 93
Schneeheide *Erica* 99
Schneerose *Helleborus* 50
Schönfußröhrling *Boletus* 93
Schweizer Weide *Salix* 117
Schwingel *Festuca* 99
Segge *Carex* 52
Seidelbast *Daphne* 105
Sefenstrauch *Juniperus* 120
Silberdistel *Carlina* 121
Silberlinde *Tilia* 6
Silberwurz *Dryas* 124
Simsenlilie *Tofieldia* 97
Sonnenröschen
 Helianthemum 99
Spirke *Pinus* 94
Springkraut *Impatiens* 66
Stechlaub *Ilex* 6
Steinbeere *Rubus* 68
Steinbrech *Saxifraga* 51
Steineiche *Quercus* 6
Steinpilz *Boletus* 93
Sternmiere *Stellaria* 61
Stockwerkmoos *Hylocomium* 84
Storchschnabel *Geranium* 84
Strahlenginster *Genista* 105
Straußenmoos *Ptilium* 65
Südbuche *Nothofagus* 6
Sumpfwurz *Epipactis* 53
Sumpfzypresse *Taxodium* 6
Tanne *Abies* 62
Taubnessel *Lamium* 51
Teufelskralle *Phyteuma* 53
Tragant *Astragalus* 104
Trauerblume *Bartsia* 97
Tulpenbaum *Liriodendron* 6
Ulme *Ulmus* 6
Veilchen *Viola* 133
Vergißmeinnicht *Myosotis* 135
Vogelbeere *Sorbus* 105
Vogelnestwurz *Neottia* 52
Wachsblume *Cerinthe* 135
Wachtelweizen *Melampyrum* 53

Waldmeister *Galium* 51
Waldmelisse *Melittis* 51
Waldvöglein *Cephalanthera* 51
Waldziest *Stachys* 51
Weide *Salix* 6
Weidenröschen *Epilobium* 53
Wein *Vitis* 6
Wermut *Artemisia* 88
Wiesenhafer *Helictotrichon* 104
Wiesenkerbel *Anthriscus* 61
Wintergrün *Pyrola* 105
 Moneses 65
Wurmfarn *Dryopteris* 52
Zahnwurz *Cardamine* 51
Zeder *Cedrus* 6
Ziest *Stachys* 51
Zirbe *Pinus* 73
Zweiblatt *Listera* 69
Zwergalpenrose
 Rhodothamnus 125
Zwergbuchs *Polygala* 99
Zwergmispel *Sorbus* 105
Zwergwacholder *Juniperus* 119
Zyklamen *Cyclamen* 55

145

Register
Lateinische und deutsche Pflanzennamen

Abies Tanne
  alba Weiß-T. 61
Acer Ahorn
  pseudoplatanus Berg-A. 61
Achillea Schafgarbe
  macrophylla Großblätter. Sch. 63
Aconitum Eisenhut
  napellus Blauer E. 135
  vulparia Gelber E. 56
Actaea Christophskraut
  spicata 51
Adenostyles Alpendost
  alliariae Grauer A. 135
  glabra Kahler A. 135
Alchemilla Frauenmantel
  vulgaris Gemeiner F. 135
Alectoria Windbartflechte
  ochroleuca Graue W. 113
  nigra Schwarze W. 113
Allium Lauch
  ursinum Bär-L. 61
  victoriale Allermannsharnisch 120
Alnus Erle
  viridis Grün-E. 129
Amelanchier Felsenbirne
  ovalis 105
Anemone Windröschen
  nemorosa Busch-W. 51
Anthriscus Kerbel
  sylvestris Wiesen-K. 61
Aquilegia Akelei
  atrata Dunkle A. 52
Arctostaphylos Bärentraube
  uva-ursi Gemeine B. 120
  alpina Alpen-B. 124
Artemisia Wermut
  campestris Feld-W. 88
Arum Aronstab
  maculatum Gefleckter A. 51
Aruncus Geißbart
  dioicus Wald-G. 61
Asarum Haselwurz
  europaeum 51
Astragalus Tragant
  centralpinus Steppen-T. 120
  penduliflorus Hängeblütiger T. 136
  sempervirens Immergrüner T. 104
Atamantha Augenwurz
  cretensis Kretische A. 88
Athyrium Frauenfarn
  filix-femina 52
  distentifolium 135
Avenella Schmiele
  flexuosa Draht-Sch. 65
Avenula Hafer
  versicolor Bunt-H. 113
Bartsia Trauerblume
  alpina Alpen-T. 57
Bellidiastrum Maßliebchen
  michelii Alpen-M 98

Biscutella Brillenschötchen
  laevigata Alpen-B. 97
Blechnum Rippenfarn
  spicant Wald-R. 63
Boletinus cavipes Hohlfußröhrling 93
Boletus Röhrling
  calopus Schönfuß-R. 93
  edulis Steinpilz 93
  fechtneri 93
Buxus Buchsbaum
  sempervirens 6
Calamagrostis Reitgras
  varia Buntes R. 99
Calamintha Bergminze
  grandiflora Großblüt. B. 63
Calluna Besenheide
  vulgaris 119
Cardamine Zahnwurz
  bulbifera Knollige Z. 51
  enneaphyllos Neunblättr. Z. 61
  pentaphyllos Fünfblättr. Z. 51
  trifolia Dreiblättrige Z. 51
Carduus Distel
  defloratus Alpen-D. 136
Carex Segge
  austroalpina Südalpen-S. 99
  curvula Krumm-S. 113
  digitata Finger-S. 52
  ferruginea Rost-S. 56
  firma Polster-S. 99
  flacca Blaugrüne S. 52
  humilis Erd-S. 95
  montana Berg-S. 52
Castanea Kastanie
  sativa Edel-K. 6
Cedrus Zeder 6
Centaurea Flockenblume
  montana Berg-F. 51
Cephalanthera Waldvögelein
  damasonium Weißes W. 52
  longifolia Schwertblättriges W. 52
Cerinthe Wachsblume
  glabra Kahle W. 135
Cetraria Strauchflechte
  crispa 113
  cucullata 113
  islandica Islandflechte 113
  nivalis 113
Chaerophyllum Kälberkropf
  hirsutum Behaarter K. 66
  villarsii 56
Cicerbita Milchlattich
  alpina Alpen-M. 135
Cirsium Kratzdistel
  helenioides Verschiedenblättrige K. 135
Cladonia Renntierflechte
  arbuscula 113
  mitis 99
  rangiferina 99
  stellaris 116
  uncialis 113

Clematis Waldrebe
  alpina Alpenrebe 84
Coronilla Kronwicke
  emerus Strauchige K. 52
Cortusa Heilglöckchen
  matthioli Alpen-H. 133
Corydalis Lerchensporn 51
Cotoneaster Felsenmispel
  integerrima Gemeine F. 99
Crepis Pippau
  blattarioides Schabenkraut-P. 56
Cryptogramma Rollfarn
  crispa Krauser R. 138
Cyclamen Alpenveilchen
  purpurascens 55
Cytisus Geißklee
  alpinus Alpen-G. 63
Daphne Seidelbast
  mezereum Wald-S. 105
  petraea Fels-S. 89
  striata Gestreifter S. 99
Delphinium Rittersporn
  elatum Alpen-R. 136
Deschampsia Schmiele
  caespitosa Wald-Sch. 138
Dicranum scoparium 84
Digitalis Fingerhut
  grandiflora Großblüt. F. 138
Diphasium alpinum Alpenbärlapp 116
Doronicum Gemswurz
  austriacum Österr. G. 68
Dracocephalum Drachenkopf
  ruyschiana Nordischer D. 136
Dryas Silberwurz
  octopetala 124
Dryopteris Wurmfarn
  filix-mas Gemeiner W. 52
  dilatata Breiter W. 66
Empetrum Krähenbeere
  hermaphroditum Zwittrige K. 114
Ephedra Meerträubel
  distachya Zweiähriges M. 10
Epilobium Weidenröschen
  angustifolium Schmalblättriges W. 139
  anagallidifolium Gauchheil-W. 136
  montanum Berg-W. 33
Epipactis Sumpfwurz
  atrorubens Braune S. 99
  helleborine Breitblättr. S. 52
Erica Schneeheide
  herbacea Frühlings-Sch. 99
Eryngium Mannstreu
  alpinum Alpen-M. 138
  spina-alba Weißdorn-M. 99
Euphrasia Augentrost
  minima Kleinster A. 113
  salisburgensis Salzb. A. 95

Festuca Schwingel
  paniculata Gold-Sch. 99
  pumila Zwerg-Sch. 99
  vallesiaca Walliser Sch. 120
Galium Labkraut
  odoratum Waldmeister 61
  rotundifolium Rundblättriger L. 53
Genista Ginster
  radiata Strahlen-G. 105
Gentiana Enzian
  clusii Stengelloser E. 100
  pannonica Pannonischer E. 135
  punctata Punktierter E. 84
Geranium Storchschnabel
  nodosum Knotiger St. 63
  sylvaticum Wald-St. 84
Geum Nelkenwurz
  rivale Bach-N. 135
Globularia Kugelblume
  cordifolia Herzblättr. K. 105
  nudicaulis Schaft-K. 22
Gymnadenia Nacktstendel
  odoratissima Duftender N. 95
Gymnocarpium Eichenfarn
  dryopteris Echter E. 52
  robertianum Ruprechts-E. 125
Hacquetia Schaftdolde
  epipactis 51
Hedera Efeu
  helix 51
Helianthemum Sonnenröschen
  grandiflorum Großblütiges S. 99
  nummularium Gemeines S. 105
Helictotrichon Wiesenhafer
  sempervirens Immergrüner W. 104
Helleborus Nießwurz
  niger Schneerose 50
Hepatica Leberblümchen
  nobilis 50
Heracleum Bärenklau
  montanum Bergkerbel 135
  sphondylium Gemeiner B. 56
Hieracium Habichtskraut
  sylvaticum Wald-H. 22
Homogyne Alpenlattich
  alpina 63
  sylvestris Wald-A. 68
Horminum Drachenmaul
  pyrenaicum Pyrenäen-D. 124
Huperzia Tannenbärlapp
  selago 63
Hygrophorus Schneckling
  agathosomus 93
  lucorum 93
  speciosus 93
Ilex Stechlaub
  aquifolium 6
Impatiens Springkraut
  noli-tangere Großes Sp. 66

Juncus Binse
   trifidus Dreispaltige B. 138
Juniperus Wacholder
   alpina Zwerg-W. 119
   sabina Sefenstrauch 120
Laburnum Goldregen
   alpinum Alpen-G. 61
   anagyroides Gemeiner G. 59
Lactarius Milchling
   porninsis 93
Lamiastrum Taubnessel
   galeobdolon Gelbe T. 51
Lamium Taubnessel
   orvala Nesselkönig 61
Larix Lärche
   europaea Alpen-L. 86
Lecanora atra 116
Leccinum piceinum 93
Leontodon Löwenzahn
   incanus Grauer L. 95
Letharia Wolfsflechte
   vulpina 92
Leuzea Alpenscharte
   rhapontica 135
Ligusticum Madaun
   mutellina 113
Linnaea Moosglöckchen
   borealis Nordisches M. 84
Liriodendron Tulpenbaum
   tulipifera 6
Listera Zweiblatt
   cordata Herz-Z. 69
Loiseleuria Gemsheide
   procumbens 113
Lonicera Geißblatt
   alpigena Alpen-G. 61
   coerulea Blaues G. 84
Luzula Hainsimse
   albida Weiße H. 78
   luzulina Gelbliche H. 65
   sieberi Wald-H. 63
Lycopodium Bärlapp
   annotinum Sprossender B. 65
Magnolia Magnolie 6
Melampyrum Wachtelweizen
   sylvaticum Wald-W. 63
Melica Perlgras
   nutans Nickendes P. 51
Melittis Honigmelisse
   melissophyllum Immenblatt 52
Mercurialis Bingelkraut
   perennis Ausdauerndes B. 51
Milium Flattergras
   effusum Weiches F. 51
Molopospermum Striemensame
   peloponnesiacum
   Südalpen-S. 136
Moneses Wintergrün
   uniflora Einblütiges W. 65
Myosotis Vergißmeinnicht
   alpestris Alpen-V. 138
   sylvatica Wald-V. 135
Neottia Nestwurz
   nidus-avis Vogel-N. 52

Nothofagus Südbuche 6
Oreochloa Blaugras
   disticha Zweizeiliges B. 113
Oxalis Sauerklee
   acetosella 66
Paeonia Pfingstrose
   officinalis Südalpen-Pf. 50
Paris Einbeere
   quadrifolia 51
Pedicularis Läusekraut
   foliosa Beblättertes L. 137
   rostrato-spicata Ähriges L. 125
   verticillata Quirl-L. 97
Peltigera aphthosa 113
Petasites Pestwurz
   albus Weiße P. 51
   hybridus Schnee-P. 105
Phleum Lieschgras
   alpinum Alpen-L. 138
   phleoides Glanz-L. 88
Phyteuma Teufelskralle
   hemisphaericum
   Grasblättrige T. 113
   spicatum Gelbe T. 53
Picea Fichte
   abies 64
Pinguicula Fettkraut
   alpina Weißes F. 99
Pinus Föhre
   cembra Zirbe, Arve 73
   mugo Legföhre, Latsche 100
   uncinata Spirke 94
Plantago Wegerich
   serpentina Schlangen-W- 121
Pleurozium Moos
   schreberi Rotstengel-M. 84
Poa Rispengras
   hybrida Bastard-R. 136
Polygala Kreuzblume
   chamaebuxus Zwergbuchs 9
Polygonum Knöterich
   bistorta Schlangen-K.
   viviparum
   Lebendgebärender K. 97
Polystichum Schildfarn
   aculeatum Borstiger Sch. 52
   lobatum Stacheliger Sch. 68
   lonchitis Lanzen-Sch. 68
Potentilla Fingerkraut
   aurea Gold-F. 100
   caulescens Stengel-F. 86
   grandiflora
   Großblütiges F. 121
Prenanthes Hasenlattich
   purpurea Roter H. 51
Primula Schlüsselblume
   auricula Aurikel 86
Pseudevernia furfuracea 92
Ptilium Straußfedermoos
   crista-castrensis 116
Pulmonaria Lungenkraut
   officinalis Gemeines L. 61
Pulsatilla Anemone
   alpina Alpen-A. 99

Pyrola Wintergrün
   rotundifolia
   Rundblättriges W. 105
Quercus Eiche
   ilex Stein-E. 6
Ranunculus Hahnenfuß
   aconitifolius
   Eisenhutblättriger H. 61
   ficaria Feigwurz 51
   lanuginosus Wolliger H. 136
Rhododendron Alpenrose
   ferrugineum Rostrote A. 109
   hirsutum Wimper-A. 123
   intermedium Bastard-A. 102
   sordellii Pontische A. 8
Rhodothamnus Zwergalpenrose
   chamaecistus 125
Rhytydiadelphus Runzelbruder
   triquetrus Dreischrötiger R. 84
Ribes Johannisbeere
   alpinum Alpen-J. 61
Rosa Heckenrose
   pendulina Alpen-H. 61
Rubus
   idaeus Himbeere 61
   saxatilis Steinbeere 68
Rumex Ampfer
   alpestris Berg-A. 61
   alpinus Alpen-A. 61
   arifolius Pfeilblättriger A. 61
   scutatus Schild-A. 125
Sabal Palme 8
Salix Weide
   alpina Alpen-W. 124
   appendiculata
   Großblättrige W. 61
   glabra Kahle W. 133
   glauca Blaugrüne W. 117
   hastata Spieß-W. 117
   helvetica Schweizer W. 117
   nigricans Schwarz-W. 133
   pentandra Lorbeer-W. 133
   reticulata Netzblättr. W. 99
   waldsteiniana Braun-W. 133
Sanicula Sanikel
   europaea 53
Saxifraga Steinbrech
   aizoides Bach-St. 97
   caesia Blaugrüner St. 99
   cuneifolia Keilblatt-St. 63
   paniculata Trauben-St. 86
Sempervivum Hauswurz
   arachnoideum
   Spinnweb-H. 88
   montanum Berg-H. 121
   wulfenii Schwefelgelbe H. 121
Senecio Kreuzkraut
   abrotanifolius Aberraut 124
   doronicum Gemswurz-K. 99
   fuchsii Fuchs-K. 61
   nemorensis Wald-K. 135
   subalpinus Voralpen-K. 138
   tirolensis Tiroler K. 120
Sequoia Mammutbaum 6

Sesleria Blaugras
   disticha Zweizeiliges B. 113
   varia Buntes B. 52
Silene Nelke
   dioica Rote Nachtnelke 136
Solidago Goldrute
   alpestris Alpen-G. 117
Solorina saccata 99
Sorbus
   aria Mehlbeere 52
   aucuparia Vogelbeere 105
   chamaemespilus
   Zwergmispel 105
Stachys Ziest
   recta Aufrechter Z. 120
   sylvatica Wald-Z. 51
Stellaria Sternmiere
   nemorum Wald-St. 134
Suillus Röhrling
   aeruginascens 93
   flavus 93
   granulatus 93
   luteus 93
   placidus 93
   plorans 93
   tridentinus 93
Taxodium Sumpfzypresse 6
Taxus Eibe 6
Teucrium Gamander
   montanum Berg-G. 99
Thalictrum Wiesenraute
   aquilegifolium
   Akeleiblättrige W. 138
   foetidum Stinkende W. 120
Thamnolia Wurmflechte
   vermicularis 116
Thelypteris Lappenfarn
   limbosperma Berg-L. 68
   phegopteris Buchen-L. 68
Tilia Linde 6
Tofieldia Simsenlilie
   calyculata 97
Tozzia Alpenrachen
   alpina 133
Trisetum Goldhafer
   distichophyllum 122
Ulmus Ulme 6
Vaccinium Beerensträucher
   gaultherioides
   Rauschbeere 115
   myrtillus Heidelbeere 113
   vitis-idaea Preiselbeere 114
Veratrum Germer
   album Weißer G. 138
Veronica Ehrenpreis
   fruticans Fels-E. 121
   latifolia Breitblättr. E. 53
Vitis Weinrebe
   sylvestris Wilder W. 6
Viola Veilchen
   biflora Gelbes V. 133